目 录

第六章 **还原四阶魔方** 77

1

第一章

认识三阶魔方
及还原手法

1.1　认识三阶魔方

三阶魔方是一个立方体，由6个面组成，每个面有3×3共9个小块。在没有被打乱的情况下，每个面的9个小块的颜色都相同，如下图所示。

三阶魔方

◆ 三阶魔方的层

三阶魔方有6个面，每个面都有不同的颜色，分别是黄色、白色、红色、橙色、绿色和蓝色。通常我们将魔方的黄色面所在的那一层称为顶层，白色面所在的那一面称为底层，顶层和底层之间的那一层称为中层，如下图所示。

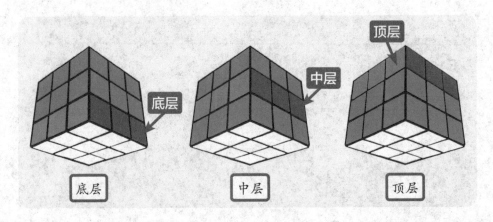

底层　　　　　中层　　　　　顶层

魔方的黄色面在顶层，白色面在底层，其余4个侧面分别是指魔方的左面一层、右面一层、前面一层和后面一层，如下图所示。

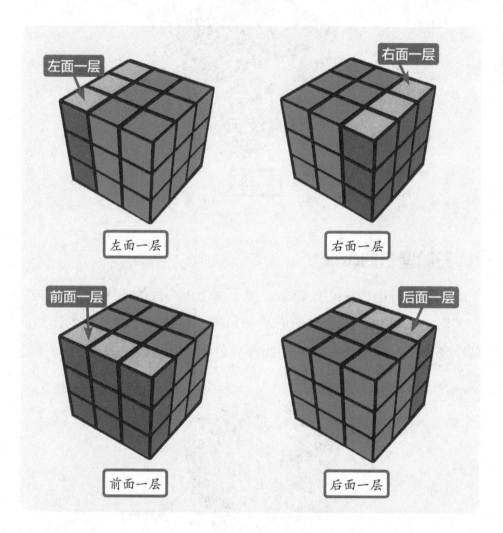

左面一层

右面一层

前面一层

后面一层

◆ 三阶魔方的中心块

三阶魔方的小块根据其位置可以分为3类：中心块、棱块和角块。每个面位于最中央的块被称为中心块，共有6个，无论魔方如何转动，中心块的位置始终保持不变。如下图所示，3个面最中央的就是中心块。

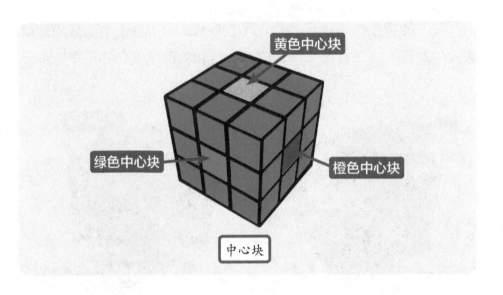

中心块

◆ 三阶魔方的棱块

　　三阶魔方的棱块共有12个，位于每个中心块的四周。无论魔方如何转动，棱块不会变成中心块和角块，始终位于中心块的四周。如下图所示，位于中心块四周的深灰色小块就是棱块。

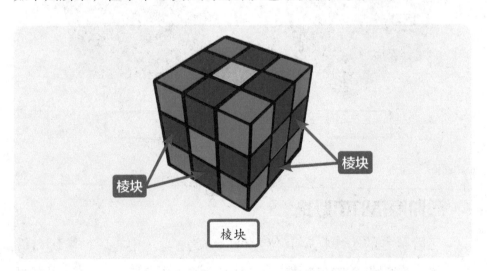

棱块

◆ 三阶魔方的角块

位于三阶魔方8个角的小块就是角块，无论怎么转动魔方，角块不会变成中心块和棱块，始终位于魔方的顶角，角块的位置如下图所示。

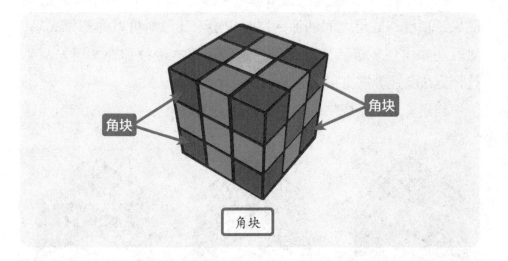

友情提示

三阶魔方的转动规律如下。

（1）如果只转动魔方的外层，中心块的位置不会改变。

（2）无论如何转动魔方，中心块、棱块和角块只能转动到相同类型的位置。即转动后，棱块仍然为棱块，角块仍然为角块，中心块仍然为中心块，它们不会因魔方转动而改变类型。

1.2 三阶魔方的还原思路

初学者在刚接触魔方时，通常会急切地试图转动它，然而无论我们如何转动，始终难以还原其中的1个面，更不用说将6个面全部还原。初学者会觉得还原魔方太过困难，而最终选择放弃。但实际上，还原魔方并不困难，只要我们掌握了正确的方法，每个人都可以轻松完成。

还原魔方并不是先还原1个面，然后还原第2个面，接着还原第3个面，直到将6个面全部还原。而是按照逐层还原的思路来进行。

我们已经知道魔方黄色面的那一层是顶层，白色面的那一层是底层，顶层和底层之间的那一层是中层。还原时可以先还原底层，然后还原中层，最后还原顶层，这种还原方法被称为"层先法"，这种方法是还原魔方最简单的方法。

当还原底层、中层和顶层后，魔方的效果分别如下图所示。

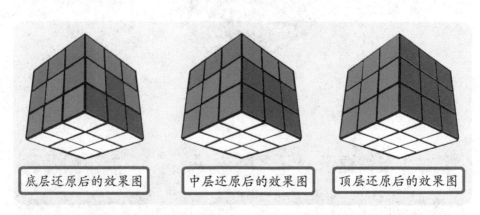

底层还原后的效果图　　中层还原后的效果图　　顶层还原后的效果图

1.3　三阶魔方的还原手法

大家觉得还原魔方很难，主要是没有掌握正确的还原方法，也不想记忆烦琐复杂的公式，加上市面上一些讲解魔方的图书，对初学者并不那么友好，初学者很难看懂，照着做都无法还原，所以不得不放弃玩魔方。

实际上还原三阶魔方可以完全不用记太多公式，主要通过左右手手法即可还原。左右手手法是还原三阶魔方的灵魂！同样，还原二阶魔方和四阶魔方时也需要应用到该手法。所以我们需要熟练掌握该手法的转动方法。

◆ 左手手法

在应用左手手法时，我们只需要转动魔方的左面一层和上面一层，该手法只有4步，详细操作方法如下。

（1）用右手拇指压在魔方前面一层的中心块上，中指压在魔方后面一层的中心块上，食指轻轻放到后面一层的顶层，无名指放到后面一层的底层。同时，用左手中指和拇指握住魔方左面一层的上下棱块，中指在上，拇指在下。如下图所示。

握魔方的姿势

（2）将魔方左侧面向后转动90°，如下图所示。

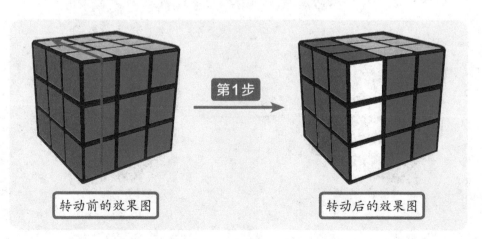

第1步

转动前的效果图　　　　　　　转动后的效果图

（3）将上面一层向右转动90°，如下图所示。

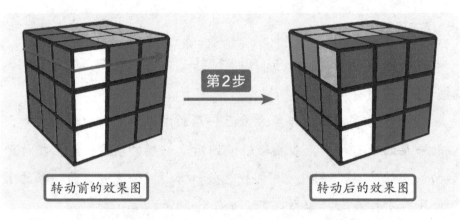

转动前的效果图　　　　第2步　　　　转动后的效果图

（4）将左面一层向前转动90°，如下图所示。

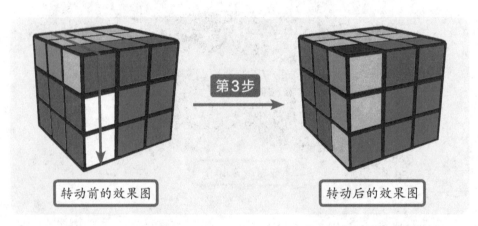

转动前的效果图　　　　第3步　　　　转动后的效果图

（5）将上面一层向左转动90°，如下图所示。

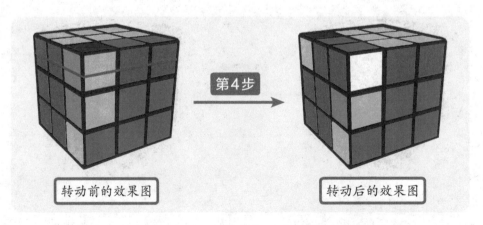

转动前的效果图　　　　第4步　　　　转动后的效果图

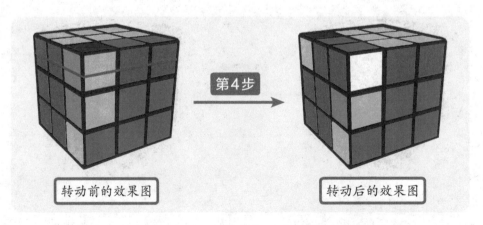
第一章

认识三阶魔方及还原手法

为了方便大家更直观地了解左手手法的转动顺序和方向，下面将给出示意图，大家可以参照示意图进行练习。

左手手法4步示意图如下。

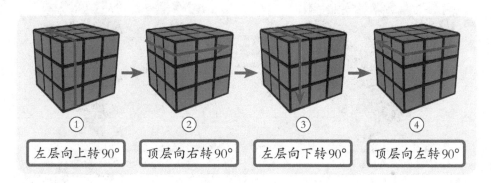

| ① | ② | ③ | ④ |
| 左层向上转90° | 顶层向右转90° | 左层向下转90° | 顶层向左转90° |

◆ 右手手法

右手手法和左手手法的转动方法类似，唯一不同的是将左面一层换成了右面一层。只需要转动魔方的右面一层和上面一层，该手法也只有4步，详细操作如下。

（1）用左手拇指压在魔方前面一层的中心块上，中指压在魔方后面一层的中心块上，食指轻轻放到后面一层的顶层，无名指放到后面一层的底层。同时，用右手中指和拇指握住魔方右面一层的上下棱块，中指在上，拇指在下。如下图所示。

握魔方的姿势

（2）将魔方右侧面向后转动90°，如下图所示。

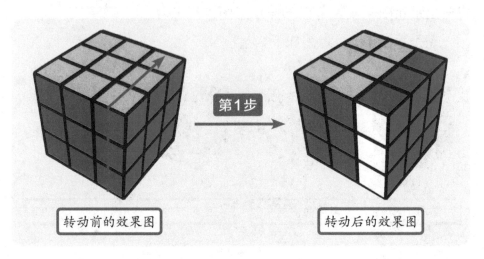

转动前的效果图　　　第1步　　　转动后的效果图

（3）将上面一层向左转动90°，如下图所示。

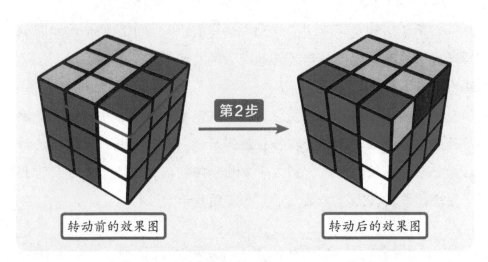

转动前的效果图　　　第2步　　　转动后的效果图

（4）将右面一层向前转动90°，如下图所示。

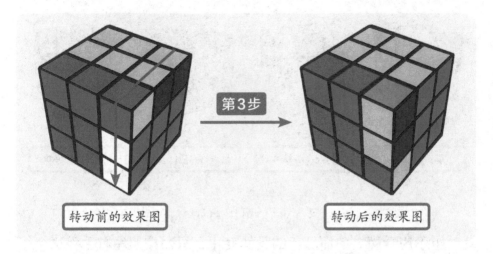

転动前的效果图 　　　　　　　　　　第3步 →　　　　　　　　　転动后的效果图

（5）再将上面一层向右转动90°，如下图所示。

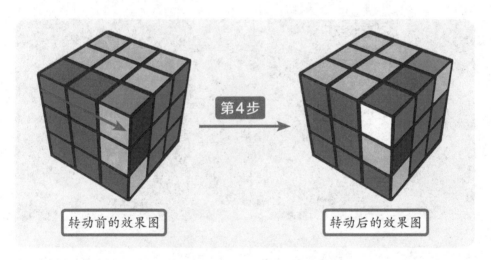

转动前的效果图 　　　　　　　　　　第4步 →　　　　　　　　　転动后的效果图

　　为了方便大家更直观地了解右手手法的转动顺序和方向，下面将给出示意图，大家可以参照示意图进行练习。

　　右手逆手法4步示意图见下页。

　　左右手手法是本书中还原魔方最主要的手法，还原二阶、三阶和四阶魔方时，都离不开左右手手法。所以我们需要不断重复练习，直到形成肌肉记忆，不用看魔方就能熟练应用。

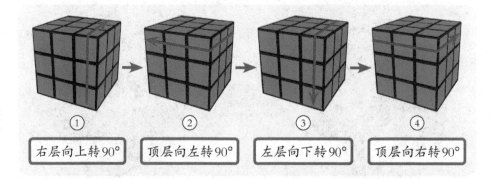

①	②	③	④
右层向上转90°	顶层向左转90°	左层向下转90°	顶层向右转90°

我们在练习左右手手法时，可以将魔方任意一面朝向自己，转动时也不用看魔方各面颜色的具体变化，只需按照左右手手法介绍的操作步骤转动即可。

友情提示

为了方便记忆，我们可以将魔方的转动顺序和方向按照下面的口诀操作。

（1）左手手法：左后上右，左前上左。按照转动方向记忆时，左手手法的4步可简化成：后右前左。

（2）右手手法：右后上左，右前上右。按照转动方向记忆时，右手手法的4步可简化成：后左前右。

2

还原三阶魔方的底层

从本章开始，我们将开启三阶魔方的还原之路。我们已经知道魔方是按照"层先法"的思路进行还原的，所以本章就先从还原魔方底层开始。

还原魔方底层需要两个关键环节，一是还原底层白色十字，二是还原底层的白色角块。下面将分别介绍。

2.1 还原白色底层十字

当魔方各面的颜色处于打乱的状态时，白色棱块的位置可能在顶层，也可能在底层或中间层。还原底层白色十字时，需要根据白色棱块的位置进行相应的操作。

我们需要先观察白色棱块在魔方中的具体位置，然后根据白色棱块的位置进行相应的操作。还原底层十字的思维导图如下。

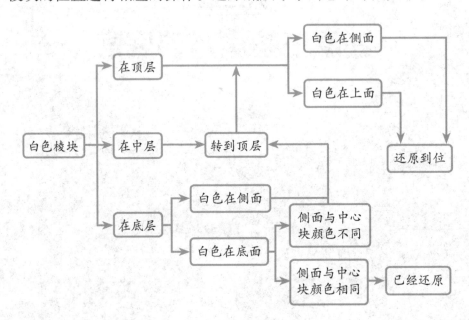

◆ 白色棱块在顶层

在前面的思维导图中，我们已经知道当白色棱块在顶层时，其白色面有两种情况，一种白色面朝上，另一种白色面在侧面，我们需要根据棱块的白色面的朝向选择相应的操作。

一、白色面朝上

如果棱块的白色面朝上，详细操作步骤如下。

（1）保持魔方黄色顶层朝上，整体转动魔方，使要还原的白色棱块的侧面正对自己，如下图所示。

白色棱块的侧面正对自己

白色面朝上

（2）先观察该棱块侧面的颜色，然后握住顶层不动，同时转动魔方下面两层，当正面中心块颜色与该棱块侧面颜色相同时停止转动。例如：棱块侧面颜色是绿色，当魔方绿色中心块转动到正前方时就停止转动，如下图所示。

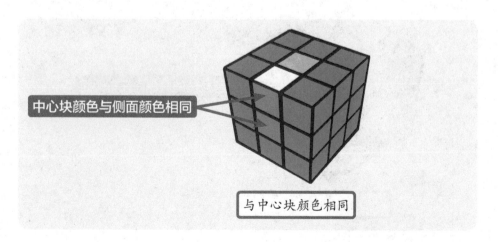

中心块颜色与侧面颜色相同

与中心块颜色相同

（3）握住魔方后面两层，将魔方前面一层旋转180°，使白色棱块转动到底层，转动后的效果如下图所示。

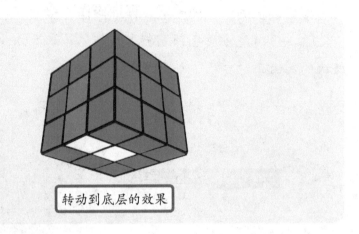

转动到底层的效果

二、白色面在侧面

如果棱块的白色面在侧面，我们需要先将其转到右侧面，并观察该棱块朝上一面的颜色，然后再进行相应的转动。详细操作步骤如下。

（1）保持魔方黄色顶层朝上，整体转动魔方，使要还原的白色棱块的白色面在右侧面，如下图所示。

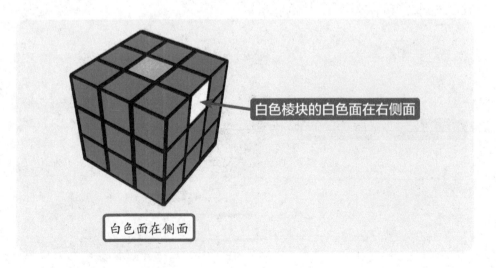

白色棱块的白色面在右侧面

白色面在侧面

（2）先观察该棱块侧面的颜色，然后握住顶层不动，同时转动魔方下面两层，当正面中心块颜色与该棱块侧面颜色相同时停止转动。例如：棱块侧面颜色是绿色，当魔方绿色中心块转动到正前方时就停止转动，如下图所示。

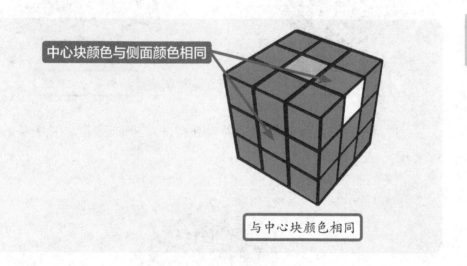

中心块颜色与侧面颜色相同

与中心块颜色相同

（3）保持魔方朝向不变，将魔方右面一层向前转动90°，如下图所示。

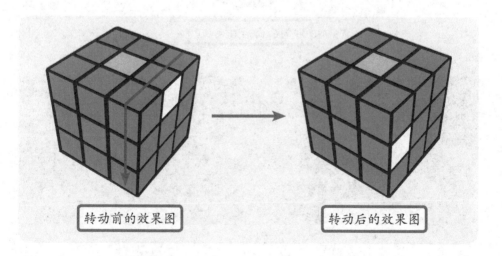

转动前的效果图

转动后的效果图

（4）保持魔方朝向不变，将魔方前面一层向右转动90°，如下图所示。

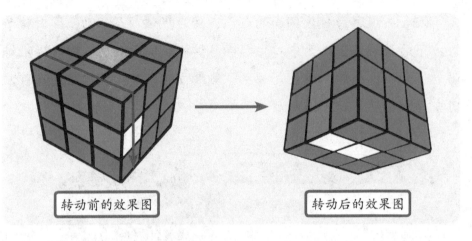

转动前的效果图   转动后的效果图

（5）将魔方右面一层向后转动90°，以保证原来右侧底层的棱块不变，如下图所示。

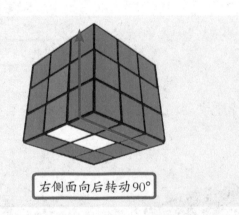

右侧面向后转动90°

友情提示

　　如果在转动魔方右侧面前，观察发现右侧面底层的白色棱块没有还原，就可以不用执行最后一步操作。在实际还原时，可以不用观察右侧底层棱块是否已经还原，最后一步都将魔方右侧向后转动90°。由于不用观察右侧底层棱块情况，转动的动作会更流畅，并且更省时。

◆ 白色棱块在中层

　　通过思维导图我们已经知道当白色棱块在中层时，需要先将其转动到顶层，然后再按照白色棱块在顶层时的方法还原即可。

白色棱块在中层时，当我们把该棱块转动到右前方后，会发现棱块白色面的朝向同样有两种情况，一种是白色面朝前，另一种是白色面朝右，如下图所示。

白色面朝前　　　　　　　　　　　　　　　白色面朝右

虽然白色棱块的白色面有两种情况，但是将它们转动到顶层的步骤完全一样。例如：棱块白色面朝前，侧面颜色是绿色，将其转到顶层的操作步骤如下。

（1）保持魔方黄色顶层朝上，整体转动魔方，使要还原的白色棱块在正面右侧，然后将魔方右面一层向后转动90°。如下图所示。

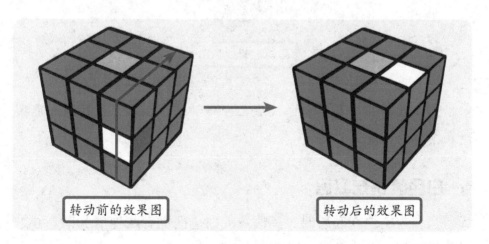

转动前的效果图　　　　　　　　　　　　转动后的效果图

（2）将魔方上面一层向左（或向右）转动90°，如下图所示。

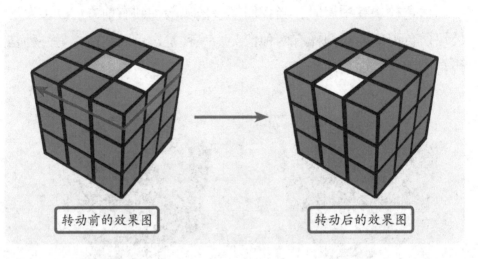

转动前的效果图　　　　　　　　转动后的效果图

（3）将右面一层向前转动90°，如下图所示。

转动前的效果图

（4）此时，中层的白色棱块已经转动到了顶层，再按照白色棱块在顶层的情况还原即可。

◆ **白色棱块在底层**

当白色棱块在底层时，其棱块的白色面也有两种情况，一种是白色面朝下，另一种是白色面在侧面，如下图所示。

白色面在底面　　　　　　　白色面在侧面

当白色面在底面时，需要观察该棱块侧面的颜色，如果侧面颜色与所在面的中心块颜色相同，表示该棱块已经还原。如果该棱块侧面的颜色与所在面中心块颜色不同，和棱块白色面在侧面的情况一样，需要先将其转动到顶层，然后再按照白色棱块在顶层的情况还原即可。

白色棱块在底层时，可整体转动魔方，将白色棱块所在的一面转动到右侧面，然后将右侧面转动180°即可。例如：要将白色面在侧面的底层棱块转到顶层，详细操作步骤如下。

（1）保持魔方黄色顶层朝上，整体转动魔方，使要还原的白色棱块在右侧面，然后将魔方右面一层转动180°即可，如下图所示。

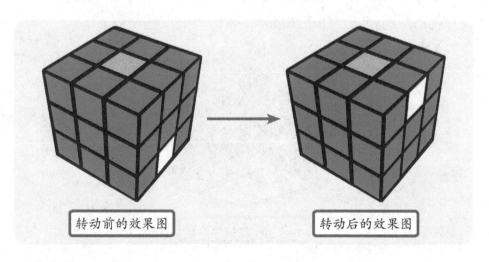

转动前的效果图　　　　　　　转动后的效果图

（2）此时，底层的白色棱块已经转动到了顶层，再按照白色棱块在顶层的情况还原即可。

当底层4个白色棱块都还原后，在底层即可形成一个白色十字的效果。底层白色中心块前后左右的棱块的白色面都朝下，并且棱块侧面的颜色与所在面的中心块颜色相同，如下图所示。

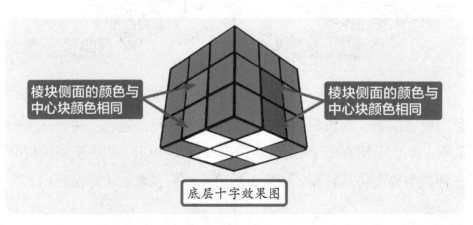

棱块侧面的颜色与中心块颜色相同

棱块侧面的颜色与中心块颜色相同

底层十字效果图

2.2　还原白色底层角块

当底层十字还原后，只需将底层4个角块还原，就可将底层完全还原。即底层朝下的面都是白色，底层每个侧面与所在面的中心块颜色都分别相同，如下图所示。

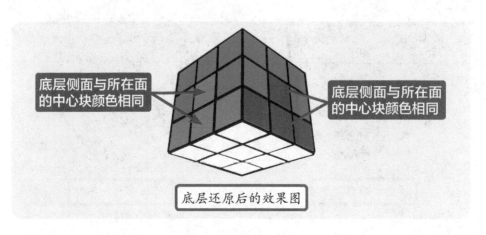

底层侧面与所在面的中心块颜色相同

底层侧面与所在面的中心块颜色相同

底层还原后的效果图

白色角块可能会在魔方8个角的任意一个角，其位置可能在顶层，也可能在底层。如果白色角块在底层，当角块的两个侧面颜色分别与所在面的中心块颜色相同时，表示该角块已经还原，如果不同，就需要将其还原到正确的位置。

所以，还原前我们需要先观察白色角块的具体位置，然后根据白色角块的位置进行相应的操作。还原底层白色角块的思维导图如下。

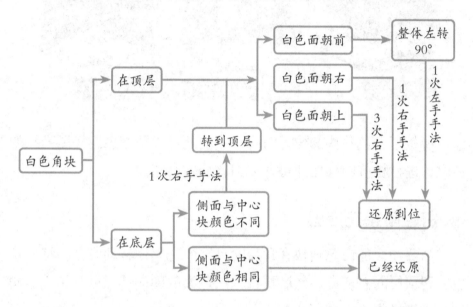

如果白色角块在顶层，需要整体转动魔方，将该角块转动到顶层右前方，此时角块白色面的朝向有3种情况，分别是白色面朝前、白色面朝右和白色面朝上，如下图所示。

23

如果白色角块在底层，需要整体转动魔方，将该角块转动到底层右前方，角块白色面的朝向同样有3种情况，分别是白色面朝前、白色面朝右和白色面朝下，如下图所示。

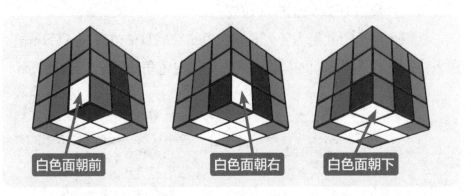

白色面朝前　　　白色面朝右　　　白色面朝下

清楚了白色角块的位置情况，我们就可以根据思维导图列举的情况，进行相应的操作即可。下面将分别介绍。

◆ 白色角块在顶层

当要还原的白色角块在顶层时，需要先整体转动魔方，将该角块转到顶层的右前方，然后再根据白色面的朝向情况进行相应的操作，详细操作步骤如下。

（1）保持魔方黄色顶层朝上，先整体转动魔方，将要还原的角块转到顶层右前方，并观察角块除白色外的另外两个侧面的颜色。

（2）握住魔方顶层不动，同时转动魔方下面两层，当前面和右侧面中心块的颜色与角块两个面的颜色一致时，停止转动。如右图所示。

角块的两个侧面颜色是蓝色和红色

相邻的两个侧面中心块也是蓝色和红色

友情提示

注意：步骤（2）中"颜色一致"是指角块除白色外的两种颜色在角块相邻两个面中心块也有。并不要求角块颜色必须与所在侧面中心块颜色完全相同，只要角块有的两种颜色在相邻的侧面中心块也有就行，不用看这两种颜色究竟是在哪个中心块。即满足"你有我也有"就行。

转动魔方下面两层，当找到前面和右侧面中心块的颜色与角块两个面的颜色一致时，就根据角块白色面的朝向选择相应的操作。

一、白色面朝前

如果角块的白色面朝前，需要先整体转动魔方，使角块位于左侧，然后用左手手法即可将其还原到底层。

例如：白色角块位于魔方顶层右侧，白色面朝前，另外两个面的颜色分别是红色和绿色，相邻两个侧面的中心块颜色也是红色和绿色，将该白色角块还原到底层的详细操作步骤如下。

（1）保持魔方黄色顶层朝上，魔方整体向左转动90°，将白色角块摆放到左前方，白色面朝左，白色角块转动前后的位置如下图所示。

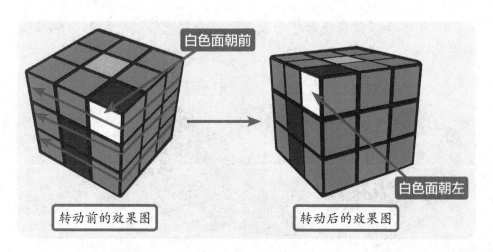

转动前的效果图　　　　　　　　转动后的效果图

（2）做1次左手手法，将该角块还原到底层。还原后该角块白色面朝下，侧面颜色分别与相邻的中心块颜色相同，如下图所示。

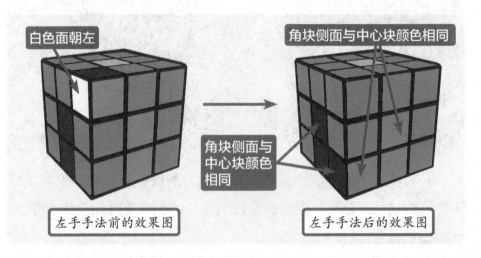

左手手法前的效果图　　　　　左手手法后的效果图

二、白色面朝右

如果角块的白色面朝右，直接用右手手法即可将其还原到底层。

例如：白色角块位于魔方顶层右侧，白色面朝右，另外两个面的颜色分别是橙色和绿色，相邻两个侧面的中心块颜色也是橙色和绿色，将该白色角块还原到底层的详细操作步骤如下。

（1）保持魔方黄色顶层朝上，做1次右手手法即可将该角块还原到底层。

（2）还原后该角块白色面朝下，侧面颜色分别与相邻的中心块颜色相同，如下图所示。

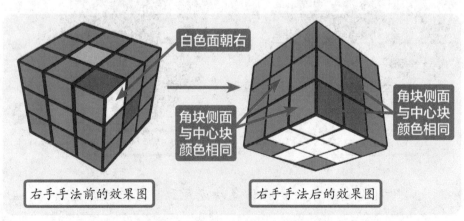

右手手法前的效果图　　　　　右手手法后的效果图

三、白色面朝上

如果角块的白色面朝上，直接用3次右手手法即可将其还原到底层。

例如：白色角块位于魔方顶层右侧，白色面朝上，另外两个面的颜色分别是红色和蓝色，相邻两个侧面的中心块颜色也是红色和蓝色，将该白色角块还原到底层的详细操作步骤如下。

（1）保持魔方黄色顶层朝上，做3次右手手法即可将该角块还原到底层。

（2）还原后该角块白色面朝下，侧面颜色分别与相邻的中心块颜色相同，如下图所示。

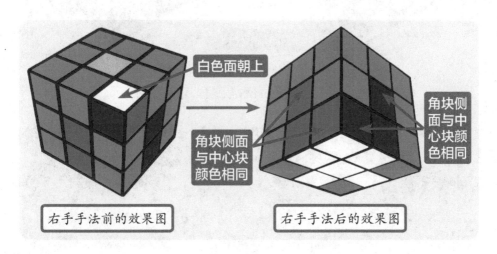

右手手法前的效果图　　　　右手手法后的效果图

◆ 白色角块在底层

如果需要还原的白色角块在底层，可先将角块转动到底层右前方，然后用1次右手手法将角块转动到顶层，再按照白色角块在顶层的方法还原即可。

例如：整体转动魔方后，底层需要还原的角块转动到右前方时，角块白色面朝前，将其还原的详细操作方法如下。

（1）保持魔方黄色顶层朝上，先整体转动魔方，将要还原的角块转到底层右前方。

（2）做1次右手手法，将白色角块转动到顶层，白色角块转动前后的位置如下图所示。

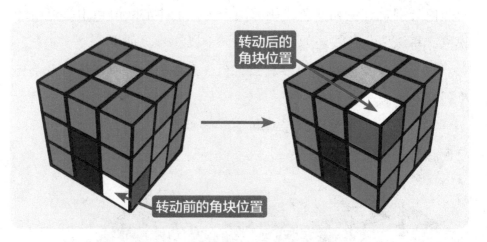

转动后的角块位置

转动前的角块位置

（3）根据白色角块在顶层的情况进行还原即可。

友情提示

底层角块转动到顶层后，一定要先观察角块颜色与相邻的中心块颜色是否一致。如果不一致，需要先转动魔方下面两层，使颜色一致后再用相应的手法还原。

3

还原三阶魔方的中层

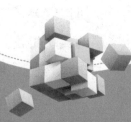

魔方底层还原后，就已经将底层的白色面全部还原，并且底层的4个棱块的侧面颜色分别与所在面的中心块颜色相同。接下来还原魔方的中层。中层棱块还原后，中层的4个棱块的侧面都分别与所在面的中心块颜色一致，如下图所示。

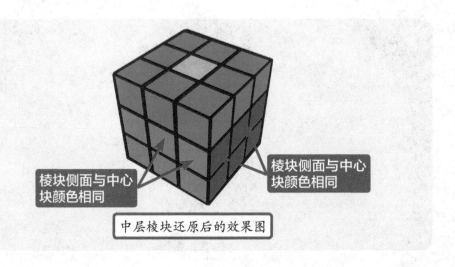

棱块侧面与中心块颜色相同

棱块侧面与中心块颜色相同

中层棱块还原后的效果图

在还原中层棱块前，我们需要先观察中层棱块的位置，找出位置不正确的棱块，然后再将其还原。

由于底层棱块已经还原，所以需要还原的中层棱块，它要么在顶层的棱块位置，要么在中层的棱块位置。所以我们只需要找到中层和顶层中不含黄色面的棱块，将其还原即可。

如果中层棱块在顶层位置，肯定需要还原。如果中层棱块位于中层，当棱块两个侧面的颜色分别与所在面中心块的颜色相同时，表示该棱块已经还原；当棱块两个侧面的颜色分别与所在面中心块的颜色不同时，需要将其还原。

当需要还原的棱块在顶层时，棱块可能位于顶层中心块四周的任意一面。例如，中层棱块位于顶层右侧时，其效果如下图所示。

棱块在顶层右侧

棱块在顶层右侧

当需要还原的棱块在中层时，棱块两个侧面的颜色与相邻的中心块颜色不一致，如下图所示。

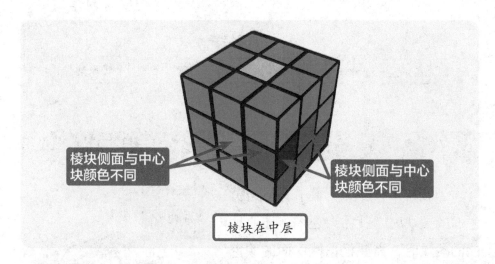

棱块侧面与中心块颜色不同

棱块侧面与中心块颜色不同

棱块在中层

由于中层棱块的位置可能在顶层，也可能在中层，所以我们在还原之前要先观察棱块的位置情况，然后再进行相应的操作。其还原的思维导图如下。

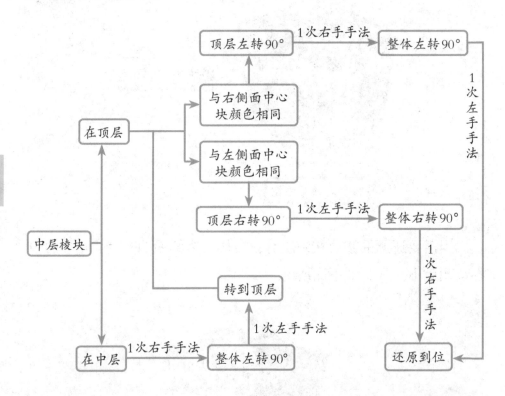

3.1　中层棱块在顶层

　　当顶层4个棱块位置中有不是黄色面的棱块时，就需要还原。还原顶层的棱块时，需要根据棱块面的颜色与侧面中心块的颜色确定还原的方法。

　　首先保持魔方黄色顶层面朝上，整体转动魔方，将需要还原的棱块转动到正前方，并观察棱块侧面颜色与所在面中心块颜色是否相同，如右图所示。

棱块转动到正前方位置

棱块转动到正前方

如果棱块侧面颜色与所在面中心块颜色相同，接着观察棱块另一面颜色是与左侧面中心块颜色相同，还是与右侧面中心块颜色相同，然后再选择相应的手法还原。

如果棱块侧面颜色与相邻的中心块颜色不同，则需要握住顶层不动，同时转动魔方下面两层，当棱块侧面颜色与中心块颜色相同时停止转动，此时正面魔方将呈现出类似倒写的"T"字形状，如下图所示。

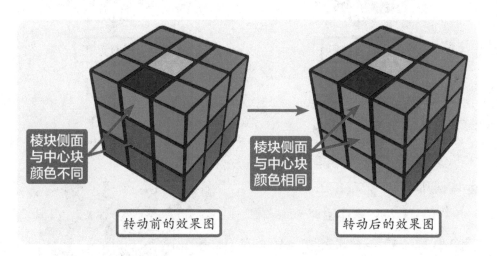

棱块侧面与中心块颜色不同

棱块侧面与中心块颜色相同

转动前的效果图　　　　转动后的效果图

当棱块侧面颜色与中心块颜色相同时，棱块另一面颜色要么与左侧面中心块颜色相同，要么与右侧面中心块颜色相同，我们需要根据这两种情况选择相应的还原方法。下面将分别介绍。

◆ **与左侧中心块颜色相同**

当棱块另一面颜色与左侧面中心块颜色相同时，其还原的操作步骤如下。

（1）保持魔方黄色顶层朝上，确认棱块另一面颜色与左侧面中心块颜色相同，如右图所示。

棱块上面与左侧面中心块颜色相同

（2）将魔方顶层向右转动90°，如下图所示。

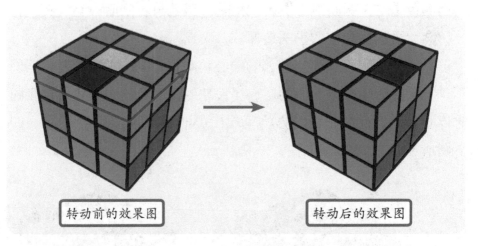

转动前的效果图   转动后的效果图

（3）做1次左手手法，此时会有一个底层的白色角块转动到了顶层左前方，且白色面朝前，如右图所示。

转到顶层的底层白色角块

（4）魔方整体向右转动90°，将白色角块转到右侧前方，使白色面朝右。白色角块的位置变化如下图所示。

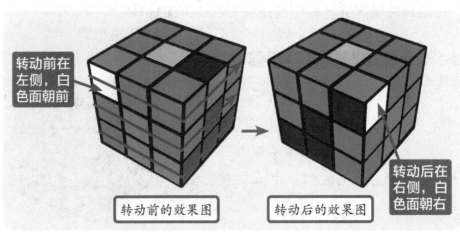

转动前在左侧，白色面朝前

转动前的效果图   转动后的效果图

转动后在右侧，白色面朝右

（5）做1次右手手法，将转动到顶层的白色角块还原到底层，同时棱块也还原到了中层。

◆ 与右侧中心块颜色相同

当棱块另一面颜色与右侧面中心块颜色相同时，其还原的操作步骤如下。

（1）保持魔方黄色顶层朝上，确认棱块另一面颜色与右侧面中心块颜色相同，如下图所示。

棱块上面与右侧面中心块颜色相同

（2）将魔方顶层向左转动90°，如下图所示。

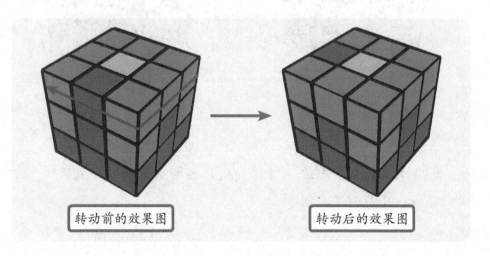

转动前的效果图

转动后的效果图

（3）做1次右手手法，此时会有一个底层的白色角块转动到了顶层右前方，且白色面朝前，如下图所示。

转到顶层的底层白色角块

（4）魔方整体向左转动90°，将白色角块转到左侧前方，使白色面朝左。白色角块的位置变化如下图所示。

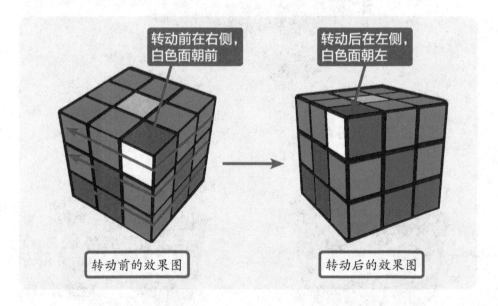

转动前在右侧，白色面朝前

转动后在左侧，白色面朝左

转动前的效果图

转动后的效果图

（5）做1次左手手法，将转动到顶层的白色角块还原到底层，同时棱块也还原到了中层。

友情提示

　　还原中层棱块时，需要特别注意顶层的转动方向及使用手法。初学者开始时容易搞错顶层的转动方向。实际上只需记住向颜色相同那一侧面的反方向转动即可，即棱块颜色与右侧面中心块颜色相同，顶层向左转90°，用右手手法；与左侧面中心块颜色相同，顶层向右转90°，用左手手法。可简单记忆成左右左和右左右。

3.2　中层棱块在中层

　　如果中层棱块的两个面与相邻的中心块颜色不同，就需要先将中层棱块转动到顶层，然后再按照棱块在顶层的方法还原。详细的操作步骤如下。

　　（1）保持魔方黄色顶层朝上，整体转动魔方，将需要还原的中层棱块转动到正面右侧，如下图所示。

棱块侧面与所在面的中心块颜色不同

棱块侧面与所在面的中心块颜色不同

　　（2）做1次右手手法，将需要还原的棱块转动到顶层右侧，如下图所示。

转到顶层的底层白色角块

（3）将魔方整体向左转动90°，将白色角块转到左侧，白色面朝左。白色角块的位置变化如下图所示。

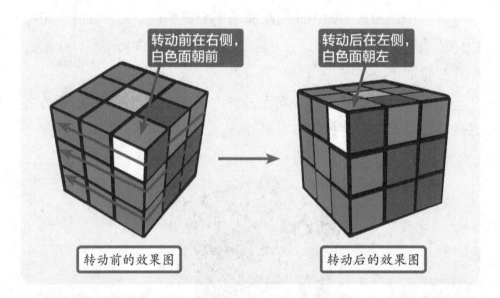

转动前在右侧，白色面朝前

转动后在左侧，白色面朝左

转动前的效果图

转动后的效果图

（4）做1次左手手法，将转动到顶层的白色角块还原到底层。然后再按照棱块在顶层的方法还原即可。

还原在中层的棱块时，我们也可以将需要还原的中层棱块转动到正前方的左侧，然后用1次左手手法将其转动到顶层，再将魔方整体向右转动90°，用右手手法将白色角块还原到底层，最后再按照中层棱块在顶层的方法还原即可。

4

第四章

还原三阶魔方的顶层

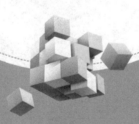

我们已经学习了还原魔方的底层和中层，只差最后一层就可以还原整个魔方了。顶层还原将分解成4个步骤，分别是还原顶层十字、还原顶层整面、还原顶层角块和还原顶层棱块。

友情提示

魔方在还原过程中具有很强的随机性，本章中介绍的每种情况都可能会出现，也可能部分情况不会出现。所以在实际还原过程中，我们只需要根据出现的情况，用对应的方法操作即可。

4.1　还原顶层黄色十字

还原顶层黄色十字是指将顶层4个棱块朝上的那一面，即正面都还原成黄色，使顶层正面呈现出一个黄色的十字，如下图所示。

顶层十字效果

当魔方的中层还原后，顶层棱块的黄色面可能在正面，也可能在侧面。无论棱块的黄色面在什么位置，中层还原后，顶层棱块黄色面在正面的情况只有以下4种。

第一种：4个棱块的黄色面都在侧面，如下左图所示。

40

第二种：有2个棱块的黄色面在正面，这2个棱块的位置相邻，如下右图所示。

顶层只有中心块是黄色

相邻的2个棱块黄色面在正面

第三种：有2个棱块的黄色面在正面，这两个黄色面与中心块组成"一"字，如下左图所示。

第四种：有4个棱块的黄色面在正面，4个棱块与中心块组成了黄色十字，这种情况表示已经还原，可以直接进行还原黄色面的操作，如下图所示。

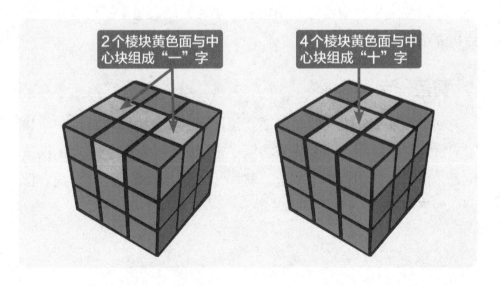

2个棱块黄色面与中心块组成"一"字

4个棱块黄色面与中心块组成"十"字

我们已经清楚了当中层还原后，顶层黄色面的4种情况，还原顶层黄色十字时，将根据出现的实际情况选择相应的方法还原即可。还原黄色十字的思维导图如下。

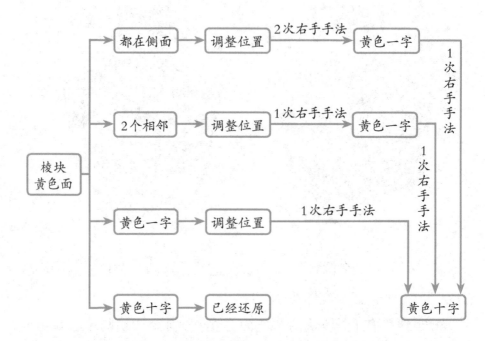

从思维导图中可以看出，当4个黄色面都在侧面和2个黄色面在正面且相邻时，都需要先还原成黄色一字，然后再还原成黄色十字。所以接下来我们将先介绍黄色一字还原成黄色十字的方法，然后再介绍另外2种情况。

◆ **黄色一字**

如果顶层2个棱块的黄色面在正面，且2个棱块与黄色中心块组成黄色一字，我们需要先按将照一定规则调整好黄色一字的摆放位置。保持魔方黄色顶层朝上，整体转动魔方，将黄色一字横着摆放。如下图所示。

黄色一字横着摆放

友情提示

注意：黄色一字一定要横着摆放，然后才能进行后续操作，如果竖着摆放，将无法正常还原。在后面介绍的其他情况中，魔方的位置调整也有明确要求，只有按照要求调整好魔方的位置，后面才能顺利还原。所以我们在还原前，一定要先确定位置摆放是否正确。

当调整好黄色一字的摆放位置后，就可以按照下面的操作步骤进行还原。

（1）握住魔方后面两层，将魔方前面一层向右转动90°，如下图所示。

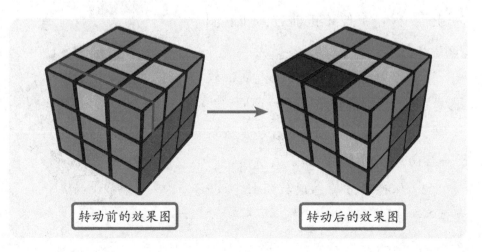

转动前的效果图　　　　　　　转动后的效果图

（2）保持魔方黄色顶层朝上，做1次右手手法。

（3）握住魔方后面两层，将魔方前面一层向左转动90°，即可还原顶层黄色十字，如下图所示。

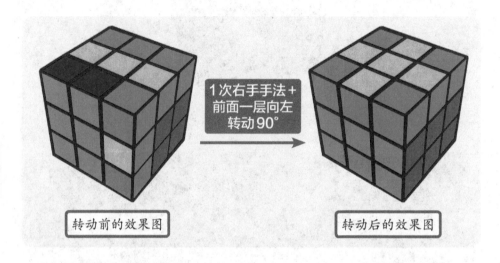

1次右手手法＋
前面一层向左
转动90°

转动前的效果图　　　　　　　转动后的效果图

◆ 2个棱块相邻

如果相邻的2个棱块的黄色面朝上，需要先调整好这2个棱块的摆放位置，然后还原到黄色一字的状态。再按照黄色一字还原到黄色十字的方法还原。

2个棱块的摆放位置是：一个位于右侧面，另一个位于正前方，如右图所示。

一个棱块在右侧，
一个棱块在前面

当调整好魔方的摆放位置后，就可以按照下面的操作步骤进行还原。

（1）握住魔方后面两层，将魔方前面一层向右转动90°，如下图所示。

（2）保持魔方黄色顶层朝上，做1次右手手法。

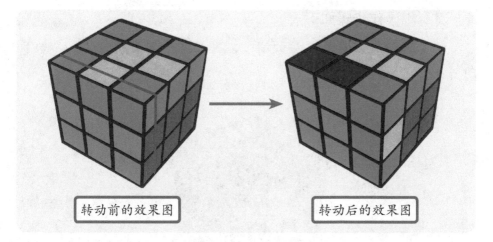

转动前的效果图　　　　　　　　　　转动后的效果图

（3）握住魔方后面两层，将魔方前面一层向左转动90°，即可还原到黄色一字状态，如下图所示。

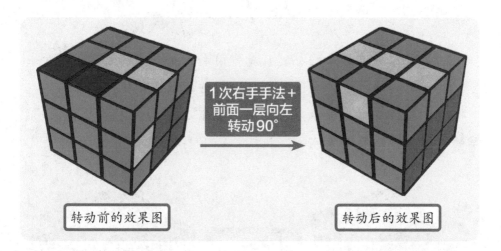

1次右手手法＋
前面一层向左
转动90°

转动前的效果图　　　　　　　　　　转动后的效果图

（4）再按照2个棱块与黄色中心块组成黄色一字时的方法还原即可。

◆ 黄色面都在侧面

如果顶层4个棱块的黄色面都在侧面，其魔方只要保持黄色顶层朝上即可，可以将任意一面朝向自己。还原时同样是先将其还原到黄色一字状态，然后再按照黄色一字还原到黄色十字的方法还

45

原。其详细操作步骤如下。

（1）保持魔方黄色顶层面朝上，将任意一侧面朝向自己，如下图所示。

黄色顶层朝上

（2）握住魔方后面两层，将魔方前面一层向右转动90°。

（3）继续保持魔方黄色顶层朝上，连续做2次右手手法。

（4）握住魔方后面两层，再将魔方前面一层向左转动90°，顶层的黄色面将还原到黄色一字状态。如下图所示。

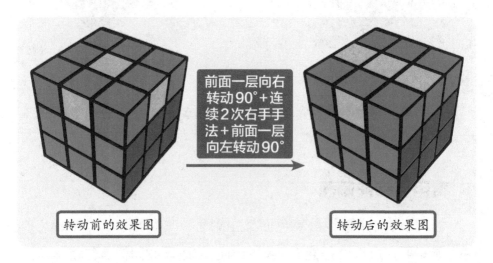

前面一层向右转动90°+连续2次右手手法+前面一层向左转动90°

转动前的效果图

转动后的效果图

46

（5）再按照2个棱块与黄色中心块组成黄色一字时的方法还原即可。

4.2　还原顶层黄色面

当顶层黄色十字还原后，顶层角块的黄色面有的在正面，有的在侧面，我们需要将黄色面在侧面的角块还原成黄色面在正面的状态。

还原顶层黄色面时，需要先将魔方整体上下面翻转，让黄色面朝下，然后将任意一面朝向自己，再转动黄色面的那一层，根据右手手法即可还原。详细还原步骤如下。

（1）将魔方整体上下翻转，使黄色顶层朝下，白色底层朝上，如下左图所示。

（2）将魔方任意一侧面朝向自己，握住魔方上面两层，转动最下面一层，将侧面含有黄色面的角块转动到右下角。

（3）如果角块的黄色面在右侧面，如下右图所示。连续做2次右手手法，即可将该黄色面还原到正面。

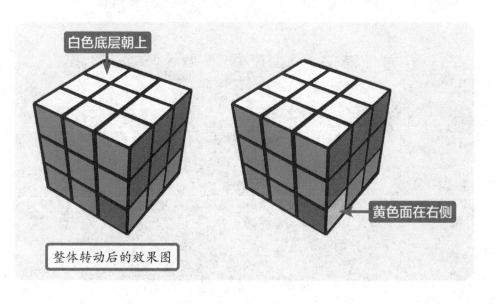

白色底层朝上

黄色面在右侧

整体转动后的效果图

（4）如果角块的黄色面朝前，如下左图所示。连续做4次右手手法，即可将该黄色面还原到正面。

（5）保持魔方位置不变，继续转动下面一层，依次将侧面含有黄色面的角块转动到右下角，然后根据黄色面的朝向，使用相应次数的右手手法即可将其还原到正面。

（6）将所有黄色面还原到正面后，将魔方再次整体上下翻转，使黄色顶层朝上，白色底层朝下。此时魔方顶层的正面将全部是黄色面，如下右图所示。

顶层正面都是黄色面

黄色面朝前

友情提示

在还原顶层黄色面时，需要注意以下几点：（1）魔方需要先整体上下翻转，使白色底层朝上；（2）黄色面朝向不同，使用右手手法的次数不同，次数一定要准确，多了或少了都无法顺利还原；（3）在还原黄色面的过程中，开始朝向自己的那一面要一直保持不变，直到所有黄色面都还原为止，否则将无法还原；（4）在还原过程中，只要转动方法和手法次数准确，就一定能顺利还原，所以不用关注魔方颜色的变化。

4.3 还原黄色角块

接下来将还原顶层的角块，当顶层的角块还原后，4个角块的侧面将分别与所在面中心块颜色相同，如下图所示。

侧面颜色与所在面中心块颜色相同

当我们还原了顶层黄色面后，顶层4个角块侧面的颜色通常都不会与所在面的中心块颜色相同，我们需要通过一定的手法将其还原到位。

我们可以只用左右手手法还原黄色角块，由于在应用左右手手法前，需要根据角块的颜色调整位置，以及多次重复应用左右手手法，对于初学者，根据颜色调整角块位置环节容易出错，也非常费时，所以本书将介绍另一种还原顶层角块的手法。该手法非常简单实用，熟悉该手法后，将大大缩短我们还原魔方的时间。

◆ 黄色角块还原手法

在还原黄色角块之前，我们先了解黄色角块的还原手法。该手法一共有10步，我们在记忆时，可以将这10步分解成2组，2组只有转动方向有一定区别，通过分解记忆，就更容易掌握。

下面我们将介绍该手法的详细操作步骤，大家在练习时，只需要按照步骤操作即可，不用看魔方色块颜色的变化。只要严格按照操作步骤执行，就可以快速还原黄色角块。黄色角块还原手法的步骤如下。

（1）黄色面还原后，将魔方整体向前转动90°，使顶层黄色面朝向自己，转动前后的效果如下图所示。

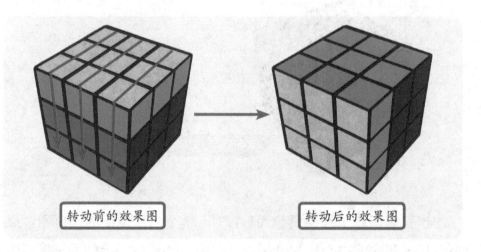

转动前的效果图　　　　　　　　　　转动后的效果图

（2）接着将右面一层转动180°，转动前后的效果如下图所示。

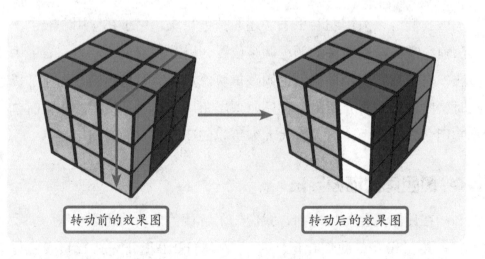

转动前的效果图　　　　　　　　　　转动后的效果图

（3）接着将下面一层转动180°，转动前后的效果如下图所示。

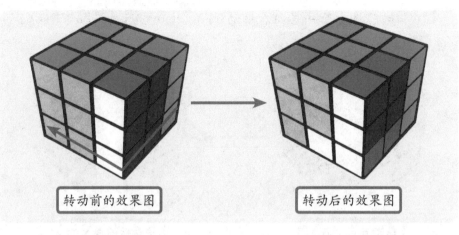

转动前的效果图　　　　　　　　转动后的效果图

（4）将右面一层向前转动90°，转动前后的效果如下图所示。

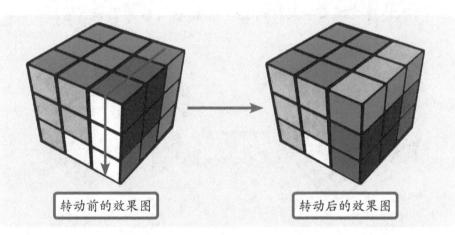

转动前的效果图　　　　　　　　转动后的效果图

（5）再将上面一层向右转动90°，转动前后效果如下图所示。

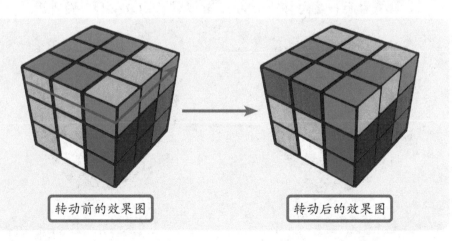

转动前的效果图　　　　　　　　转动后的效果图

（6）然后将右面一层向后转动90°，转动前后效果如下图所示。

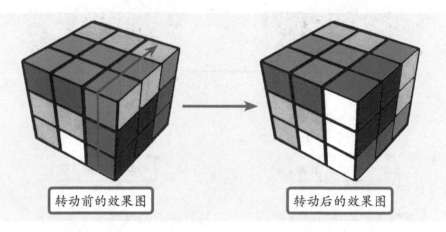

转动前的效果图　　　　　　转动后的效果图

（7）接着将下面一层转动180°，转动前后效果如下图所示。

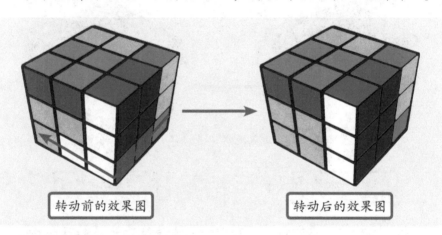

转动前的效果图　　　　　　转动后的效果图

（8）将右面一层向前转动90°，转动前后的效果如下图所示。

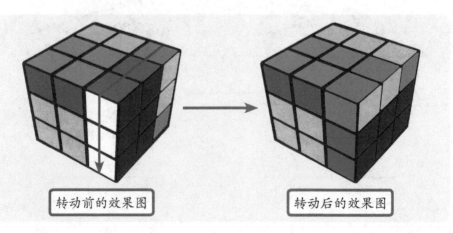

转动前的效果图　　　　　　转动后的效果图

（9）再将上面一层向左转动90°，转动前后效果如下图所示。

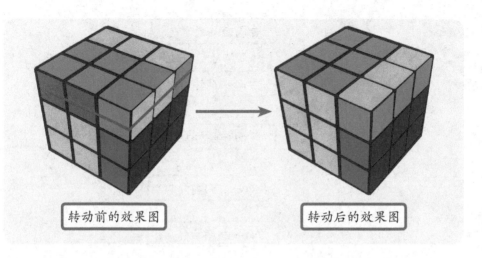

转动前的效果图　　　　　　　　转动后的效果图

（10）最后将右面一层向前转动90°，转动前后效果如下图所示。

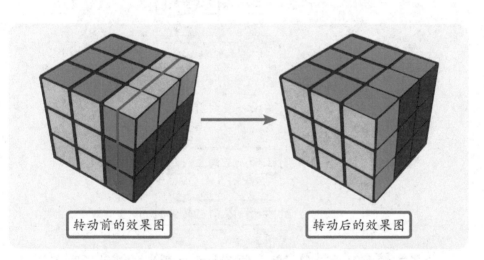

转动前的效果图　　　　　　　　转动后的效果图

对于初学者，可能会觉得黄色角块还原的步骤稍微有点多，不是那么容易掌握。为了便于记忆，我们将这10步根据魔方转动的层以及方向，用最简单明了的流程图表示，大家可以先记住流程图的说明，然后再练习。只要多加练习，形成肌肉记忆后，应用该手法时，就不用再去想每一步具体转动的层和方向，会非常流畅快速。

黄色角块还原步骤流程图如下。

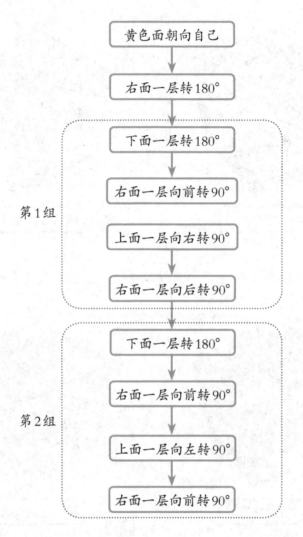

为了方便大家更直观了解还原黄色角块手法的转动顺序和方向，下面将分别给出示意图，大家可以参照示意图进行练习。

还原黄色角块10步示意图见下页。

前面我们在练习时，可以将这10步分解成2组。细心的读者可能已经发现，步骤3~6和步骤7~10的转动顺序都一样，都是先将底层转动180°，然后转动右面一层、上面一层和右面一层，唯一不同的只是上面一层和右面一层的后2步的转动方向。

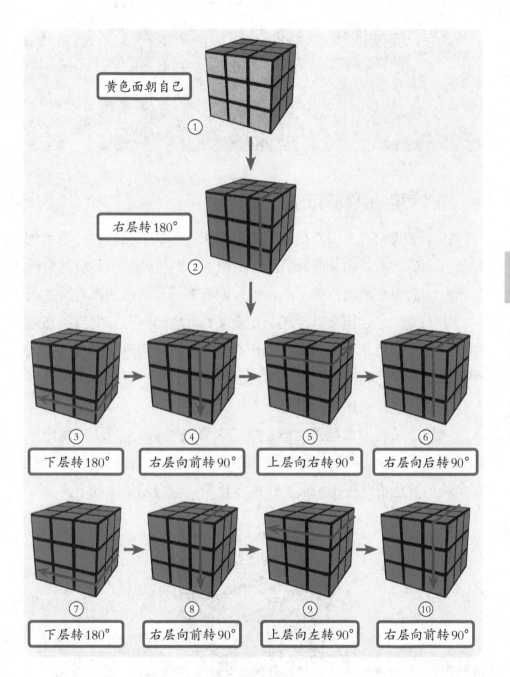

黄色面朝自己

① 右层转180°

②

③ 下层转180°

④ 右层向前转90°

⑤ 上层向右转90°

⑥ 右层向后转90°

⑦ 下层转180°

⑧ 右层向前转90°

⑨ 上层向左转90°

⑩ 右层向前转90°

通过分解和简化记忆，是不是瞬间觉得还原黄色角块手法原来很简单。我们在练习该手法时，一定要注意转动方向，如果方向转错了，就只有从头再来！

◆ 还原黄色角块的方法

接下来我们将应用介绍的手法还原黄色角块。当我们还原黄色面后，顶层的4个角块侧面颜色有多种情况，可能每个角块的侧面与所在侧面中心块颜色都不同，也可能有部分角块的侧面与所在侧面的中心块颜色相同，甚至还会出现4个角块的侧面分别与所在侧面的中心块颜色相同的情况。当出现4个角块的侧面分别与所在侧面的中心块颜色相同时，表示角块已经还原，可以直接进入到最后一步的棱块还原操作。

在用手法还原黄色角块前，我们需要先观察4个角块侧面的颜色情况。我们只需要查看处于同一面的角块颜色是否相同，然后根据角块的颜色情况应用手法。顶层角块侧面颜色示意图如下。

黄色角块还原的思维导图如下。

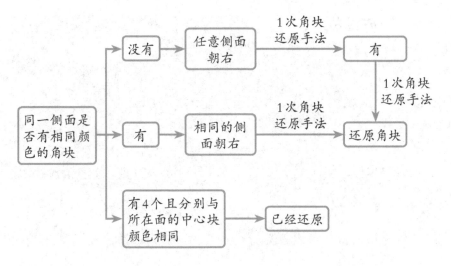

通过思维导图可以发现，我在观察顶层角块侧面颜色时可归纳成3种情况。

第一种：同一侧面的顶层角块侧面颜色没有相同的。

第二种：同一侧面的顶层角块侧面颜色有相同的。

第三种：4个侧面的顶层角块侧面颜色都相同。

以上三种情况中只有第一种和第二种需通过手法还原，下面将分别介绍。

一、顶层角块侧面颜色相同

当4个侧面至少有1个侧面的顶层角块的颜色相同时，其还原步骤如下。

（1）保持魔方黄色顶层朝上，整体转动魔方，将顶层角块颜色相同的那一面转到右侧，右图为其示意图。

（2）整体转动魔方，将黄色的顶层面转向自己，并应用1次顶层角块还原手法。

颜色相同，转动到魔方右侧

友情提示

第一步整体转动魔方时需要注意以下几点。

（1）只看同一面顶层角块侧面的颜色是否相同，不用看是否和中心块颜色一致。

（2）如果棱块颜色也与角块相同，即顶层同一侧面3个块的颜色都相同，与2个角块侧面颜色相同的情况一样对待。

（3）如果同时有2个面的角块侧面颜色相同，将任意一个相同的侧面转到右侧即可。

（3）将魔方黄色顶层面朝上，转动魔方顶层，当顶层角块侧面颜色与所在侧面中心块颜色相同时停止转动。这时就会发现4个角块已经还原到位，每个角块的侧面分别与所在面的中心块颜色相同。

二、顶层角块侧面颜色不同

当4个侧面的顶层角块没有颜色相同时，其还原步骤如下。

（1）保持魔方黄色顶层朝上，将魔方任意一面朝向自己，其示意图如下。

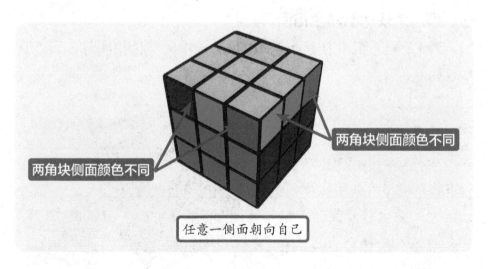

两角块侧面颜色不同

两角块侧面颜色不同

任意一侧面朝向自己

（2）整体转动魔方，将黄色的顶层面转向自己，并应用1次顶层角块还原手法。应用1次还原手法后，将会出现有顶层角块侧面颜色相同的情况。

（3）将魔方黄色顶层面朝上，整体转动魔方，将顶层角块颜色相同的那一面转到右侧，然后再将黄色面朝向自己，应用1次顶层角块还原手法后，即可将4个黄色角块还原。

4.4　还原黄色棱块

我们离还原整个魔方只差最后一步了，只要将顶层的黄色棱块还原到位，即可完全还原。

还原黄色棱块同样可以只用左右手手法，但是要应用手法的次数实在太多，所以为了使大家还原魔方时更轻松，用时更少，还原黄色棱块时将结合左右手手法的逆手法，让最后一步变得更轻松，更简单！

◆ 左右手逆手法

我们已经非常熟悉左右手手法了，左手手法的转动顺序和方向是上右下左，右手手法的转动顺序和方向是上左下右。左右手手法的逆手法的转动顺序和方法是怎样的呢？

顾名思义，左右手逆手法的转动顺序和方向和左右手手法是相反的，具体如下。

（1）左手逆手法：上右左后，上左左前。按照转动方向记忆时，左手手法的4步可简化成：右后左前。

（2）右手逆手法：上左右后，上右右前。按照转动方向记忆时，右手手法的4步可简化成：左后右前。

为了方便大家更直观了解左右手逆手法的转动顺序和方向，下面将分别给出示意图，大家可以参照示意图进行练习。

左手逆手法4步示意图如下。

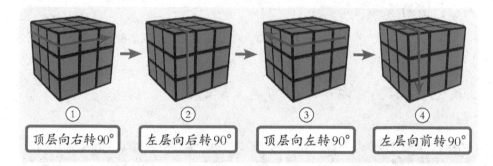

①	②	③	④
顶层向右转90°	左层向后转90°	顶层向左转90°	左层向前转90°

右手逆手法4步示意图如下。

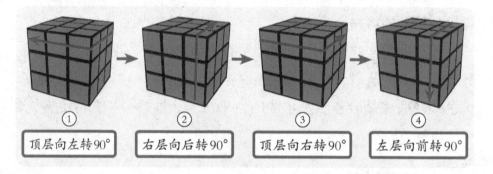

①	②	③	④
顶层向左转90°	右层向后转90°	顶层向右转90°	左层向前转90°

◆ 还原黄色棱块的方法

掌握了左右手逆手法后，还原黄色角块将变得非常轻松！当我们还原了黄色角块后，顶层角块的侧面颜色都分别与所在面中心块颜色相同，如右图所示。

角块侧面颜色与中心块颜色相同

角块侧面颜色与中心块颜色相同

角块已还原的示意图

60

黄色棱块还原的思维导图如下。

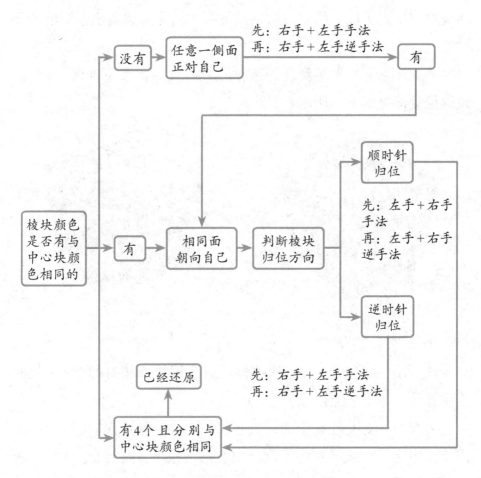

当黄色角块还原后，顶层角块的侧面颜色都分别与所在面中心块颜色相同，但是4个黄色棱块的侧面颜色还并不一定与所在面的中心块颜色相同。通过思维导图可以看出棱块与中心块颜色的情况有三种。

第一种：4个棱块侧面颜色均与所在面中心块颜色不同。

第二种：有1个棱块侧面颜色与所在面中心块颜色相同，表示该侧面已经还原。

第三种：4个棱块侧面颜色均与所在面中心块颜色相同。这种情况表示魔方已经完全还原。

在思维导图中还提到判断棱块归位方向，即需要把位置不正确的棱块归位到正确的位置。所以接下来我们先了解棱块还原前的几种情况。

当4个棱块的侧面颜色与所在面中心块颜色都不同时，4个棱块的位置情况如下图所示。

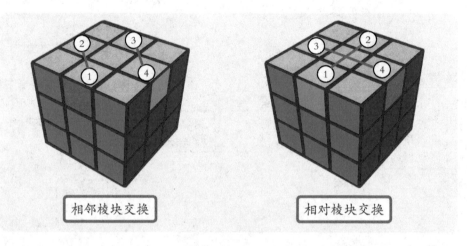

相邻棱块交换　　　　　相对棱块交换

从上图中可以看出，需要相邻的2个棱块或相对的2个棱块交换位置后，棱块才能还原。

当有1个棱块位置正确，其余3个棱块位置错误时，3个棱块需要按照逆时针或者顺时针交换位置后，棱块才能还原。3个棱块的位置情况如下图所示。

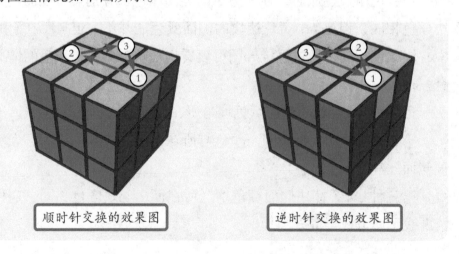

顺时针交换的效果图　　　　　逆时针交换的效果图

下面将按照需要还原的棱块位置情况，分别介绍其还原的具体方法。

一、棱块顺时针交换位置

如果要还原的3个棱块需要按照顺时针交换位置，其还原方法如下。

（1）保持魔方黄色顶层朝上，将已经完全还原的那个侧面正对自己，如下图所示。

棱块侧面颜色与中心块颜色相同

（2）先做1次左手手法，接着做1次右手手法，然后再做1次左手逆手法，最后做1次右手逆手法，即可将魔方还原。

友情提示

注意：（1）转动时一定要将已经还原的那个侧面朝向自己；（2）手法的顺序不能错误，在应用手法的过程中，我们不用看魔方的颜色变化，只要转动的顺序和方向正确，就肯定能顺利还原。

二、棱块逆时针交换位置

如果要还原的3个棱块需要按照逆时针交换位置，其还原方法如下。

（1）保持魔方黄色顶层朝上，将已经完全还原的那个侧面正对自己，如下图所示。

棱块侧面颜色与中心块颜色相同

（2）先做1次右手手法，接着做1次左手手法，然后再做1次右手逆手法，最后做1次左手逆手法，即可将魔方还原。

友情提示

我们在应用手法前，一定要先观察好没有还原的3个棱块位置情况，清楚它们的位置交换方向，如果判断错了位置交换的方向，应用手法后将无法正确还原。

三、4个棱块交换位置

当4个棱块需要交换位置时，无论是相邻的棱块，还是相对的棱块交换位置，其还原方法都一样。详细的操作如下。

（1）保持魔方黄色顶层朝上，将任意一侧面正对自己，如右图所示。

（2）先做1次右手手法，接着做1次左手手法，然后再做1次右手逆手法，最后做1次左手逆手法，即可出

任意一侧面正对自己

现有1个侧面还原的情况。

（3）观察未还原的3个棱块的位置情况，判断是按照顺时针还是逆时针还原，然后再按照对应的方法还原即可。

恭喜一下自己吧！已经能顺利还原了三阶魔方，以前无论花多少时间都无法还原魔方的1个面，现在只需要几分钟就可以轻松还原，是不是有满满的成就感！

掌握了三阶魔方还原法后，就可以轻松还原二阶魔方并挑战四阶魔方了。

5

第五章

还原二阶魔方

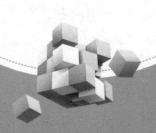

二阶魔方是一个立方体，由6个面组成，每个面有2×2共4个小块。在没有被打乱的情况下，每个面的4个小块的颜色都相同，如下图所示。

二阶魔方

◆ 二阶魔方的层

二阶魔方有6个面，每个面的颜色和三阶魔方一样，分别是黄色、白色、红色、橙色、绿色和蓝色。同样，黄色面所在的那一层称为顶层，白色面所在的那一面称为底层。

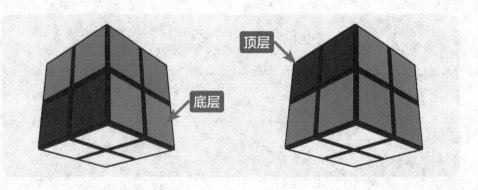

魔方的黄色面在顶层，白色面在底层，其余4个侧面分别是指

魔方的左面一层、右面一层、前面一层和后面一层，如下图所示。

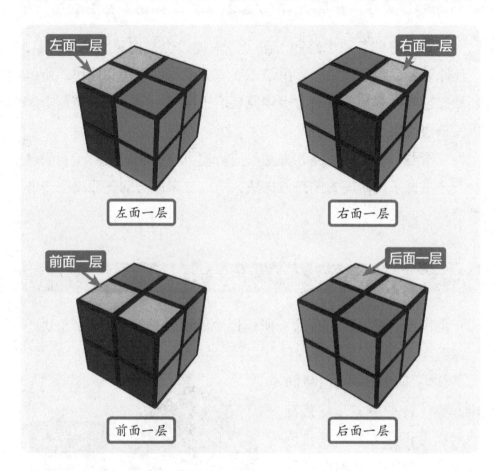

左面一层

右面一层

前面一层

后面一层

◆ 二阶魔方的角块

    二阶魔方由于没有中心块和棱块，所以每一个块都是角块，一共有8个角块，如右图所示。

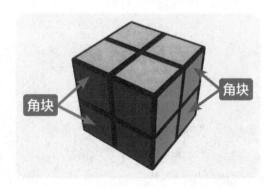

角块

角块

5.2　二阶魔方的还原思路

二阶魔方的还原思路和三阶魔方一样，也是按照层先法还原，先还原底层，再还原顶层。由于二级魔方没有中心块和棱块，所以还原二阶魔方要比三阶魔方少还原底层十字、中层、顶层黄色十字以及顶层棱块。

二阶魔方的还原思路和方法与三阶魔方完全相同，由于我们已经完全掌握了三阶魔方的还原方法，所以二阶魔方的还原将变得非常简单。

5.3　还原二阶魔方的底层

由于二阶魔方没有棱块，所以还原底层时只需要将4个角块还原即可。

首先任意选一个白色的块，整体转动魔方，将其转动到底层正前方右侧，白色面朝下。例如：将侧面是蓝色和橙色的白色角块转动到右下方，如右图所示。

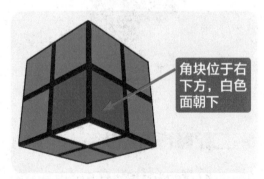

角块位于右下方，白色面朝下

友情提示

注意：（1）这一步可以选择任意一个白色角块，不一定非得与案例中的颜色相同；（2）当第一个白色角块确定为底层后，如果底层还有其他白色角块，在后续的还原过程中，可以用左手手法或右手手法将其转动到顶层。

接着查看其他白色角块，找到含有与右下方角块有相同颜色的角块，并将其转动到顶层。如果是与底层右前方角块前面的颜色相同，就将其转动到顶层左前方，如果是与底层右前方角块侧面颜色相同，就将其转动到顶层右后方。

例如：侧面颜色是橙色和绿色的角块，就将其转动到顶层左前方，如下左图所示。

如果侧面颜色是蓝色和红色的角块，就将其转动到顶层右后方，如下右图所示。

由于白色角块在顶层时，其白色面可能朝上，也可能在侧面，所以我们在查看白色角块时，只要有与右下角角块颜色相同的角块，不用看白色面的朝向，只要是与右下方角块前面颜色相同，就将其转到顶层左前方，只要是与侧面颜色相同，就将其转到顶层右后方。

当要还原的白色角块转动到顶层左前方时，其白色角块会有三种情况，即白色面朝上、白色面朝前和白色面朝右，如下图所示。

如果该角块是在顶层右后方，保持魔方上下层不变，整体转动魔方，将其转动到顶层右前方。白色角块同样会有三种情况，如下图所示。

白色面朝上　　　　　白色面朝前　　　　　白色面朝右

调整好要还原的角块在顶层的位置后，就可以按照下面的步骤进行还原。当角块位于顶层左前方时，还原步骤如下：

（1）当白色面朝上时，用3次左手手法即可还原；

（2）当白色面朝左时，用1次左手手法即可还原；

（3）当白色面朝前时，保持魔方上下层不变，整体转动魔方，将该角块转动到右前方，然后用1次右手手法即可还原。

当角块位于顶层右后方时，还原步骤如下：

（1）保持魔方上下层不变，整体转动魔方，将该角块转动到顶层右前方；

（2）当白色面朝上时，用3次右手手法即可还原；

（3）当白色面朝右时，用1次右手手法即可还原；

（4）当白色面朝前时，保持魔方上下层不变，整体转动魔方，将该角块转动到左侧前方，然后用1次左手手法即可还原。

用相同的方法将其他白色角块还原，还原后的效果如右图所示。

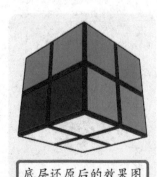

底层还原后的效果图

为了便于大家理解，下面将给出还原二阶魔方底层的思维导图。

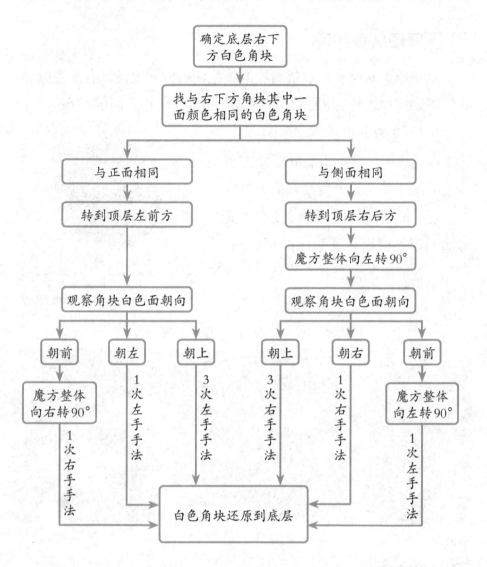

5.4 还原二阶魔方的顶层

由于二阶魔方没有中心块和棱块，所以二阶魔方没有还原黄色十字和还原顶层棱块这两个环节，只需要还原顶层黄色面和顶层角块即可还原整个魔方。还原顶层黄色面和顶层角块的方法和三阶魔

73

方完全一样，下面将分别介绍。

◆ 还原顶层黄色面

当还原了底层后，顶层角块的黄色面有的在上面，有的在侧面，我们需要将黄色面在侧面的角块还原成黄色面在上面的状态。

还原顶层黄色面时，和还原三阶魔方黄色面一样，需要先将魔方整体上下面翻转，让黄色面朝下，然后将任意一面朝向自己，再转动黄色面的那一层，根据右手手法即可还原。黄色面还原后的效果如右图所示。

顶层黄色面还原后的效果图

第五章

还原二阶魔方

友情提示

　　还原二阶魔方顶层黄色面的方法和三阶魔方完全一致，所以此处将不再给出详细的操作步骤，不清楚的读者，可以参见第四章"4.2 还原顶层黄色面"的相关内容。在还原黄色面的整个过程中，需要特别注意的是：白色面要一直朝上，并且朝向自己的那一侧面一直保持不变。

◆ 还原顶层角块

只差最后一步就可以还原二阶魔方了，即只要还原顶层角块，整个魔方就可以还原了。当我们还原黄色面后，顶层的 4 个角块侧面颜色有多种情况，相邻两个角块的侧面颜色可能都不同，即顶层的每个侧面的两个角块的颜色都不同，如下图所示。

两角块侧面颜色不同　　　　　　两角块侧面颜色不同

除了4个角块在侧面的颜色不都相同外，也可能会出现有1个侧面两角块的颜色相同的情况，如右图所示。

无论顶层侧面是否有相同颜色的角块，都和还原三阶魔方的角块方法一样，只要应用角块还原手法即可还

两角块侧面颜色相同

原。角块还原手法不熟悉的读者可以参见第四章"4.3还原黄色角块"的相关内容。角块还原的思维导图如下。

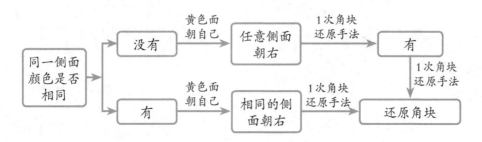

6

第六章

还原四阶魔方

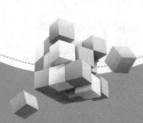

6.1 认识四阶魔方

四阶魔方是一个立方体，由6个面组成，每个面有4×4共16个小块。在没有被打乱的情况下，每个面的16个小块的颜色都相同，如下图所示。

四阶魔方

◆ 四阶魔方的层

四阶魔方有6个面，每个面的颜色也和三阶魔方一样，分别是黄色、白色、红色、橙色、绿色和蓝色。黄色面所在的那一层称为顶层，白色面所在的那一面称为底层，如下图所示。

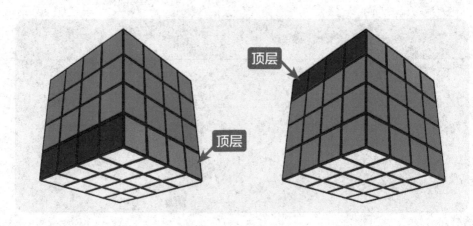

顶层

顶层

魔方的黄色面在顶层，白色面在底层，其余4个侧面分别是指魔方的左面一层、右面一层、前面一层和后面一层，如下图所示。

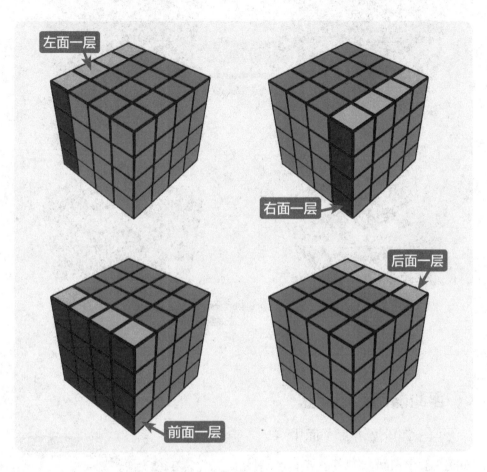

除了前、后、左、右四层外，在四阶魔方的顶层和底层之间，以及前、后、左、右两层之间，都还有2个层。在还原四阶魔方的过程中，会遇到转动左右和上下层之间的中间层的情况。为了方便叙述，统一将上下之间的中间层分别称为上面第二层和下面第二层，左右之间的中间层分别称为左边第二层、右边第二层，如下图所示。

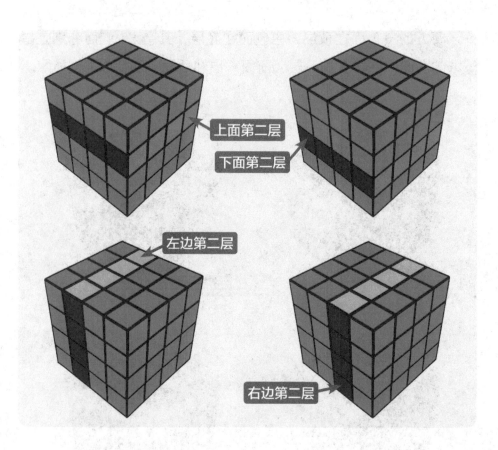

上面第二层

下面第二层

左边第二层

右边第二层

◆ 四阶魔方的中心块

位于四阶魔方每个面中间的4个小块被称为中心块。由于中心块是由4个小块组成，4个小块会随着中间层的转动而发生位置变化，但无论怎么转动，每个小块都仍然位于中心块位置。中心块如右图所示。

黄色中心块

红色中心块

绿色中心块

◆ 四阶魔方的棱块

　　四阶魔方每个中心块上下左右相邻的两个小块就是棱块。棱块也会因为中间层的转动而发生位置变化，和三阶魔方一样，棱块不会变成中心块和角块，它们始终位于中心块的四周。下图中，中心块上、下、左、右的两个小块就是棱块。

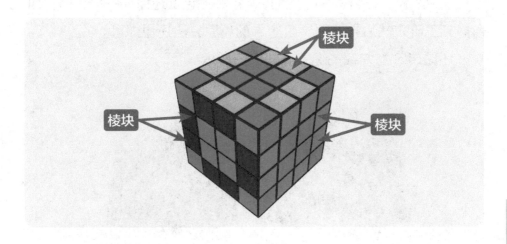

◆ 四阶魔方的角块

　　和三阶魔方一样，四阶魔方8个角的小块就是角块，无论怎么转动魔方，角块不会变成中心块和棱块，始终位于魔方的顶角处。右图中，魔方8个角上的小块就是角块。

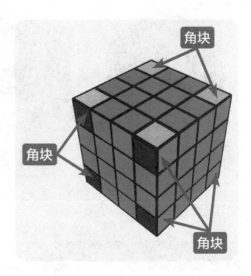

6.2　四阶魔方的还原思路

　　四阶魔方的还原思路和三阶魔方一样，仍然是用层先法还原。由于四阶魔方的每个中心块有4个小块，每个棱块也是由2个小块组成，所以我们还原四阶魔方时，需要先将每个面中心块的4个小块的颜色都还原成一样，再将棱块位置的2个小块颜色都还原成一样，即将四阶降到三阶，然后再按照三阶魔方的还原方法还原即可。

　　还原四阶魔方各关键步骤如下图所示。

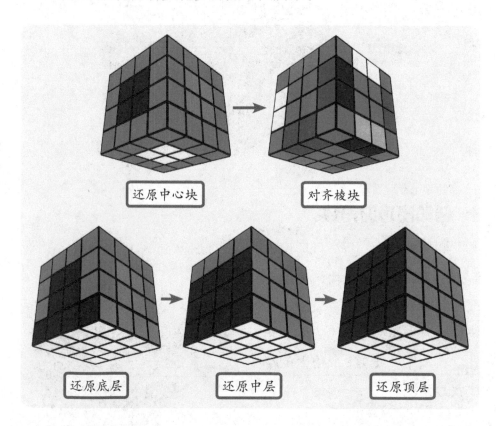

还原中心块　　　　　　对齐棱块

还原底层　　　　　　还原中层　　　　　　还原顶层

6.3　还原中心块

　　初次接触四阶魔方的朋友，可能会觉得对齐中心块太难了，因为只要转动魔方的中间的任意一层，所在层的中心块位置就会发生变化。所以会出现好不容易还原了1个中心块，再还原下一个中心块时，之前还原的又被打乱了的情况，要将6个面的中心块还原，就觉得更加困难。

要想顺利还原中心块，就需要先解决以下3个关键问题。

（1）怎样将两个相邻面中心块中的1个小块，从一个面转动到另一个面，另外4个面的中心块不变？

（2）怎样将相邻面的两个颜色相同的中心小块，还原到同一个面，使两个小块位于同一层，并且其余4个面的中心块不变？

（3）怎样将位于2个面，且分别有2个小块颜色相同的中心块还原到一个面，其余4个面的中心块不变？

当我们解决了以上3个问题后，还原中心块就变得非常简单。下面将分别介绍这3个问题的解决方法。

◆ 让中心块去另一个面

当魔方打乱后，4个相同颜色的中心块会位于魔方6个面中的任意一个面，有可能在相邻的两个面，也可能在相对的两个面。我们要想将这些颜色相同的中心块还原到同一个面，就需要将其中一个小块转动到相邻面的中心，转动后，另外4个面的中心块不会发生任何变化。

为了使大家学习更轻松，这一步我们将只学习怎么将一个小块转到相邻的一个面，而其余面的中心块保持不变的方法。掌握了中心小块位置交换的方法后，再还原颜色相同的中心块时就会更容易。

假设我们要将下图中的红色中心块转动到顶层A的位置，转动后，其余4个面的中心块颜色要保持不变，其方法如下。

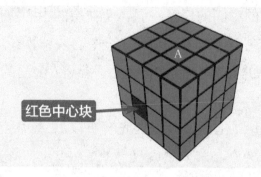

红色中心块

友情提示

在还原中心块和对齐棱块时，魔方的位置朝向没有任何要求，可以将任意一面朝向自己。只有当开始还原底层时，才会要求黄色中心块所在的面朝上。所以在还原中心块和对齐棱块时，凡是涉及层的描述，都是根据当前的实际位置来确定的。

（1）由于该环节对魔方的位置朝向没有要求，我们在实际操作时，如果要交换位置的中心块没有在前面的层，为了方便操作，我们可以先调整魔方的位置，整体转动魔方，将要交换位置的中心块朝向自己，将目标位置所在的那一面朝上，即目标位置在顶层。

（2）握住魔方右边两层，将左边两层同时向后转动90°，将红色中心块转动到顶层，如下图所示。转动后，左右两个面的中心块没有发生转移，但左边第二层的中心块已经依次转到了相邻的面。

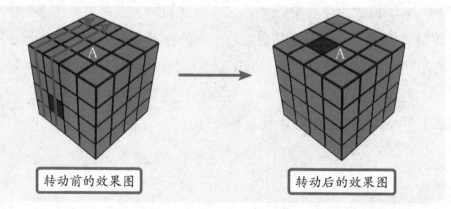

转动前的效果图　　　　　　　　　转动后的效果图

（3）将顶层向右转动90°，使红色中心块转动到右边第二层。此时，只有顶层的中心块位置有变化，其余面的中心块没有变化，如下图所示。

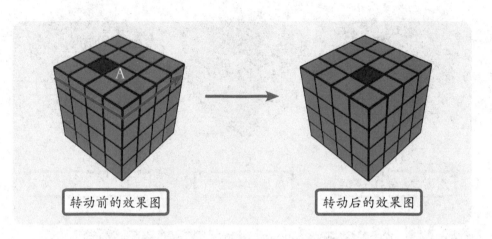

转动前的效果图　　　　　　　　　转动后的效果图

（4）顶层向右转动90°后，红色中心块已经到了目标位置A。由于我们在第二步转动时，左边第二层的中心块已经依次转动到了相邻的面，所以我们需要再次将左边两层向前转动90°，使底层和后面一层中心块的位置复原。

复原底层和后面一层中心块

如果没有搞明白为什么这样操作就能使其余中心块位置不变，也不想费心去搞明白也没关系。只需先整体转动魔方，调整好位置，将要转动的中心块转到正前方，将要转动到的目标位置所在的那面转到顶层。然后按照下面的步骤示意图操作即可。

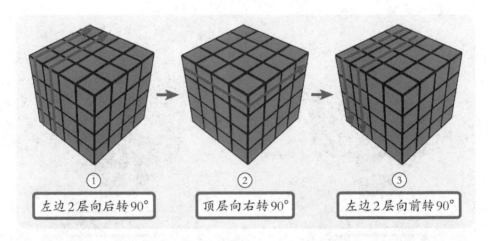

① 左边2层向后转90°　　② 顶层向右转90°　　③ 左边2层向前转90°

友情提示

　　如果要转动的中心块位于前面右边的第二层，可以先将前面一层转动180°，使要转动的中心块位于左边的第二层，然后再进行转动。

◆ 颜色相同的2个中心块转到同一面

　　掌握了将一个中心块转动到另一个面的方法后，接着就可以学习将两个面中颜色相同的中心块转动到同一面，并且位于中间的同一层的转动方法。

　　要想顺利地将不同面中相同颜色的中心块转动到同一个面，就需要先了解这两个相同颜色中心块的位置分布情况，然后再调整其中一个面的中心块，使其转动后两个中心块位于中间的同一层。

　　假设两个相同颜色的中心块分别位于前面一层和顶层，为了方便理解，我们将顶层和前面一层展开后放到同一平面，如右图所示。

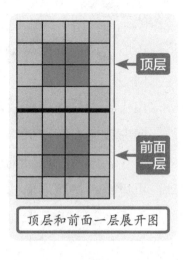

顶层和前面一层展开图

当把颜色相同的两个中心小块分别调整到顶层和前面一层后，还得要继续调整这两个小块在中心块的位置，使两个小块位于不同的中间层，转动魔方时才会确保只有一个小块转动，另一个小块位置不变。即将前面一层颜色相同的小块送到顶层去，而顶层颜色相同的小块原地不动，等待和前面一层的小块汇合。

当顶层和前面一层颜色相同的小块（以红色小块为例）按下图所示的位置分布时，就能通过转动使两个小块顺利汇合。

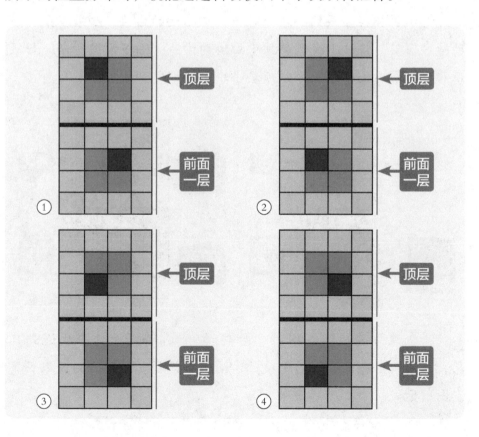

当我们将两个颜色相同的小块位置调整成以上任意一种情况后，将魔方右边两层向后转动90°，就能使两个颜色相同的小块转动到一个面。

由于转动后底层和后面一层中心块也发生了变化，所以需要将顶层向左或向右转动90°，再将右边两层向前转动90°即可。

对于初学者，如果觉得位置情况有点复杂，还是不知道怎么转动，可以统一按照下面的方法操作。

（1）先调整魔方位置，使颜色相同的2个小块分别位于正前方和顶层。

（2）先观察正前方的小块是否位于中心块的左边，如果不是，转动魔方前面一层，将该小块调整到中心块的左边。例如将其调整到左下方，效果如下左图所示。

（3）再观察顶层的小块是否位于中心块的右边，如果不是，转动魔方顶层，将该小块调整到中心块的右边，如下右图所示（如果正前方的小块位于左上方，顶层小块需要调整到右上方）。

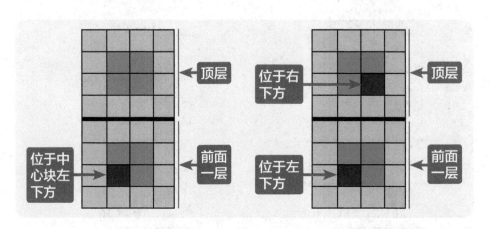

（4）魔方左边两层同时向后转动90°，将正面的小块送到顶层，并使两个颜色相同的小块位于同一中间层。转动后的效果如下左图所示。

（5）将魔方顶层向右转动90°，使颜色相同的两个小块位于魔方右边第二层，如下右图所示。

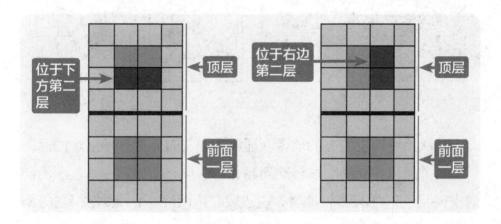

（6）将魔方左边两层同时向前转动90°即可。

◆ 颜色相同的4个中心块转到同一面

我们已经掌握了将2个中心块转动同一个面，并且不会破坏其他面中心块位置的方法，接着我们学习将4个颜色相同的小块还原到一个面的方法。

友情提示

在实际操作过程中，4个颜色相同的小块可能位于不同的面，无论是哪种情况，我们都可以先用前面学习的方法，将其中2个颜色相同的小块转动到同一个面，且位于同一中间层。将另外2个颜色相同的小块转动到相邻的一个面，且位于同一中间层。

无论正面中心块，还是顶层中心块，2个颜色相同的小块位置可能会处于以下几种状态。

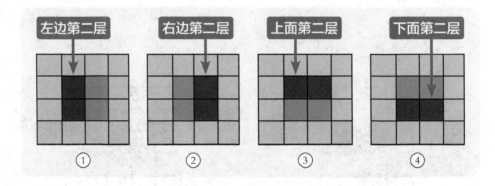

① 左边第二层　② 右边第二层　③ 上面第二层　④ 下面第二层

初次接触四阶魔方的读者在还原中心块时，最容易出现的问题是将两个颜色相同的小块转动到相邻的两层，使他们分别位于不同的中间层，这样只要转动魔方左边或右边两层，4个颜色相同的小块就位于同一面了。如下图所示。

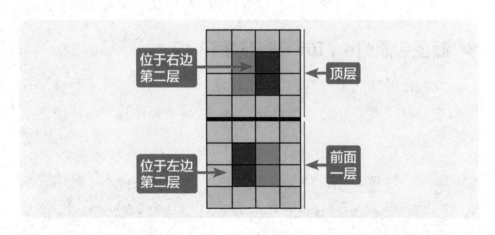

位于右边第二层　　顶层
位于左边第二层　　前面一层

当将4个颜色的小块转动到同一面后，才发现，底层和后面一层的中心块位置发生了变化，如果这两个面的中心块已经还原了，那么就会再次被打乱。怎样才能做到既不破坏其他面的中心块，又能使4个颜色的小块转动到同一面呢？我们按照下面的方法操作即可实现。

（1）先将正面和顶层的小块调整到同一中间层，可以是左边第二层，也可以是右边第二层，如下图所示。

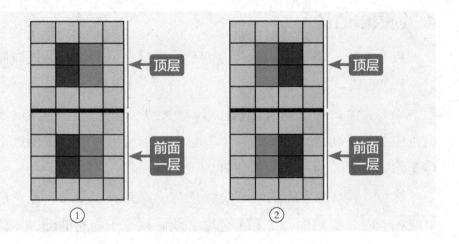

①   ②

（2）如果中心块位于左边第二层，先将魔方左边两层向后转动90°，然后将顶层转动180°，再将左边两层向前转动90°，即可将4个颜色相同的小块还原到同一面，同时不会破坏其他面的中心块。

（3）如果中心块位于右边第二层，先将魔方右边两层向后转动90°，然后将顶层转动180°，再将右边两层向前转动90°，即可将4个颜色相同的小块还原到同一面，同时不会破坏其他面的中心块。转动后的效果如右图所示。

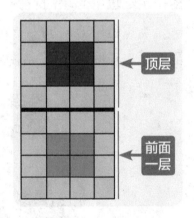

友情提示

当我们理解了还原中心块的原理后，在转动时就可以不用完全按照书中介绍的步骤操作。因为在棱块还没对齐之前，并不要求黄色中心块一定要朝上，所以魔方整体可以任意方向转动。在实际操作中，根据自己的习惯，可以用左手，也可以用右手，只要能实现4个颜色相同的中心块在同一个面就行。

◆ 还原中心块

接下来我们将踏上四阶魔方的还原之路，下面将开始还原魔方的6个中心块。

还原魔方的中心块时，我们可以先还原黄色中心块，然后还原白色中心块，再还原侧面的4个中心块。当然也可以不按照这个顺序还原，只要还原后的位置正确即可。

注意：侧面4个面的中心块颜色对位置有一定要求，当黄色中心块朝上时，红色中心块和橙色中心块必须位于相对的面，蓝色中心块和绿色中心块也必须位于相对的面。并且当黄色中心块朝上时，蓝色中心块只能位于红色中心块相邻的左侧面，绿色中心块只能位于红色中心块的右侧面。

当黄色中心块朝上，红色中心块朝向自己时，将左侧面和右侧面展开与正面位于同一平面，其颜色的位置效果如下图所示。

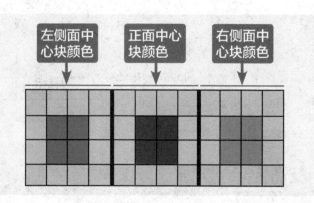

明确了中心块的还原顺序和侧面颜色的位置分布后，就可以开始正式还原了。其详细的操作步骤如下。

（1）先观察有黄色面的中心块在6个面的分布情况，找到有黄色面的中心块，然后按照本章介绍的知识，先将2个相同的黄色中心块转动同一面，然后将另外2个相同颜色的中心块转动到相邻的另一面。

（2）由于第一步中其余面的中心块颜色都还没还原，所以这一步可将相同颜色的中心块分别调整在中间的不同层（只有还原第一个中心块时可以这样操作），以便将其转动到同一个面，如下图所示。

黄色中心块位置效果图

（3）将魔方左边两层同时向后转动90°，即可还原黄色中心块。还原后的效果如下图所示。

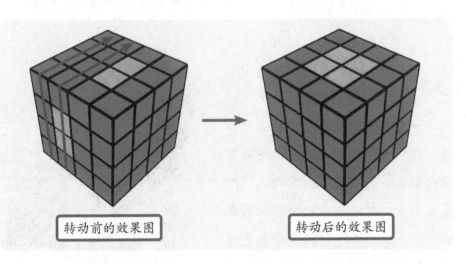

转动前的效果图　　　　　转动后的效果图

（4）接着再观察白色面的中心块的位置，将其还原到黄色中心块相对的面。由于黄色中心块已经还原，所以当白色中心块还原后，不能破坏黄色中心块。

（5）当还原白色中心块后，即可开始还原4个侧面的中心块。在还原侧面中心块的过程中，可以整体转动魔方，使黄色中心块或白色中心块所在的面位于右侧面。例如将白色中心块所在的面位于右侧面，如下左图所示。

（6）接着用相同的方法还原红色中心块，还原后的效果如下右图所示。

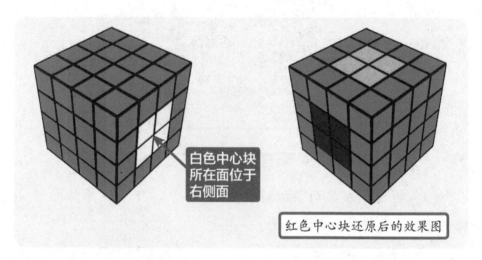

白色中心块所在面位于右侧面

红色中心块还原后的效果图

（7）当红色中心块还原后，就可以还原相邻面的蓝色或绿色中心块。在还原蓝色和绿色中心块之前，一定要先判断好它们的正确方位，即当黄色面朝上，红色中心块面向自己时，蓝色中心块所在的面是左侧面，绿色中心块所在的面是右侧面。如右图中，就是绿色中心块已经还原的效果。

绿色中心块所在的面位于右侧面

绿色中心块还原后的效果图

（8）继续用相同的方法即可将6个面的中心块还原。

6.4　对齐棱块

　　四阶魔方的棱块是由两个颜色相同的小块组成。当还原中心块后，颜色相同的棱块随机分布在 6 个面，可能在同一个面，也可能在不同的面。对齐棱块就是将两个颜色相同的棱块转动到一起。

　　虽然棱块在中心块对齐后是随机分散在不同的面，但是棱块的对齐相对中心块还原要简单一些。因为对齐棱块可以通过固定的手法完成，只要按照手法的步骤操作即可对齐。我们可以不用明白转动的原理，也不用关心为什么这样转动，只要按照固定的手法操作即可。

　　在对齐棱块前，我们需要先找到两个颜色相同的棱块所在位置，然后将其转动到同一个面，使两个棱块分别位于相对的侧面。将相

第六章　还原四阶魔方

95

同的棱块转动到同一面时，转动的是外层，中心块不会被破坏，所以我们在转动时可以随意转动，怎么方便怎么转！

当两个相同的棱块转动到同一面，且分别位于相对的侧面时，如果将该面朝向自己，则两个棱块分别位于左右边的侧面，两个棱块可能会位于相同的中间层，也可能会位于不同的中间层。示意图如下所示。

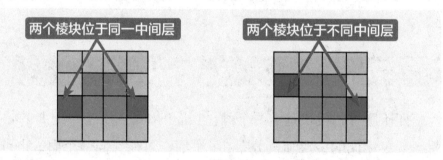

在应用手法对齐棱块时，需要先使两个棱块处于同一中间层，如果两个棱块没有在同一中间层，需要先按照下面的步骤将其转动到同一中间层。例如下图中两个颜色相同的棱块位于不同的中间层。

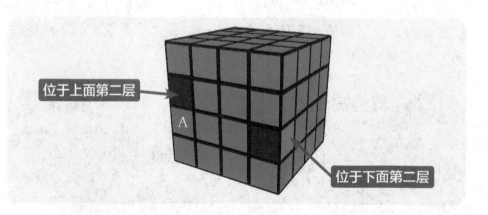

在对齐棱块前，我们需要先将左边位于上面第二层的棱块调整到左边下面第二层，即调整到A的位置。其详细操作步骤如下。

（1）整体转动魔方，将两个棱块所在的面朝向自己，这一步可以是任意一面朝上，只要确保两个棱块的位置如上图所示即可。

（2）将左面一层转动180°，使红色棱块转动到后面一层。

（3）保持魔方朝向不变，将后面一层向右转动90°，使红色棱块转到顶层后面。

（4）将顶层向右转动90°，使红色棱块转到顶层左面。

（5）将左面一层向前转动90°，红色棱块即可转动到A的位置，如下图所示。

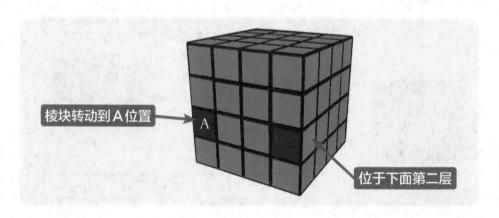

如果调整前两个棱块的位置如下图所示。用相同的方法可将左边的棱块转动到A的位置。

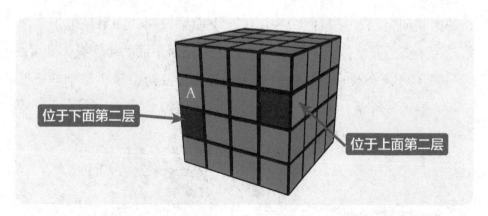

我们在实际还原过程中，棱块在不同层的两种情况都采用同样

的步骤，所以我们只需调整好棱块位置，然后按照下述示意图的步骤操作即可，不用看转动过程中棱块的位置变化。

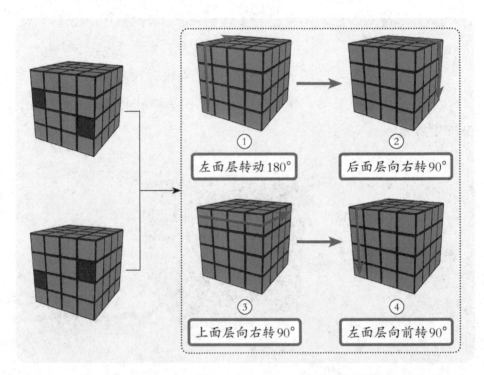

① 左面层转动180°

② 后面层向右转90°

③ 上面层向右转90°

④ 左面层向前转90°

　　调整好两个棱块的位置后，接着就可以按照固定的操作手法将两个棱块对齐。在应用棱块对齐的手法前，首选要确认将两个棱块所在的面朝向自己，并且两个棱块位于下面第二层，如果是位于上面第二层，将魔方整体上下转动180°，接着按照下面的步骤操作即可。

　　（1）将两个棱块所在的面朝向自己，并且两个棱块位于下面第二层，如下图所示。

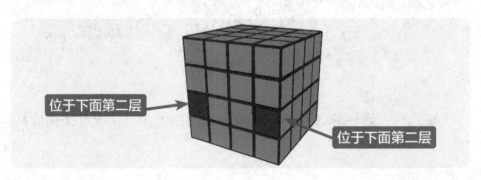

位于下面第二层

位于下面第二层

（2）同时将上面两层向右转动90°。

（3）接着将右面一层向后转动90°。

（4）然后将顶层向左转动90°。

（5）再将右面一层向前转动90°。

（6）接着将前面一层向右转动90°。

（7）然后将右面一层向前转动90°。

（8）再将前面一层向左转动90°。

（9）然后将右面一层向后转动90°。

（10）将上面两层向左转动90°，即可将两个棱块对齐。对齐后的效果如下图所示。

相同颜色棱块已对齐

对齐棱块的步骤相对较多，为了方便练习和记忆，下面给出操作步骤示意图，我们只要按照步骤示意图进行操作，即可顺利对齐棱块。

友情提示

对齐棱块时，我们不用看棱块的位置在各步骤中的位置变化，按照示意图的方向转动即可。只要多练习几遍，就能形成肌肉记忆，到时就能非常快速地完成棱块对齐。

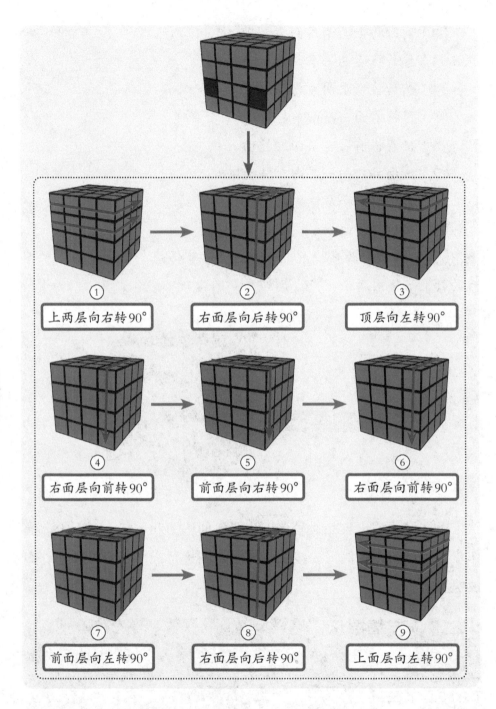

① 上两层向右转90°

② 右面层向后转90°

③ 顶层向左转90°

④ 右面层向前转90°

⑤ 前面层向右转90°

⑥ 右面层向前转90°

⑦ 前面层向左转90°

⑧ 右面层向后转90°

⑨ 上面层向左转90°

　　我们用相同的方法，即可将所有棱块对齐，对齐后的效果如下图所示。

棱块全部对齐后的效果图

当所有棱块对齐后，就可以将四阶魔方看成三阶，中心块4个小块看成一个整体，两个相同的棱块看成一个整体，然后再按照三阶魔方的还原步骤和方法即可将其还原。

6.5 还原底层和中层

四阶魔方的底层和中层的还原步骤和方法与三阶魔方的完全一样，此处将不再介绍，不熟悉的读者可以参见本书第二章和第三章的相关内容。底层和中层还原后的效果图如下图所示。

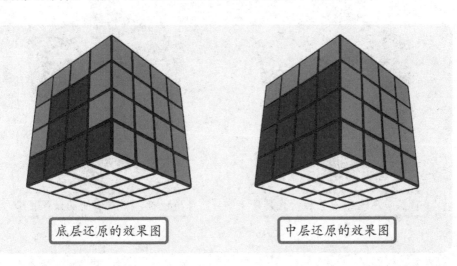

底层还原的效果图   中层还原的效果图

6.6 还原顶层

四阶魔方的顶层的还原步骤和方法也和三阶魔方的相似。只是在顶层还原的过程中，会有一些特殊情况出现，我们要根据出现的特殊情况，选择对应的解决方法即可。

还原顶层时会出现两种特殊情况，第一种是还原顶层黄色十字时，会出现棱块的黄色面在侧面，无法翻转到顶层；第二种是还原顶层角块后，可能会出现有2个面已经还原，没还原的2个面可能相邻，也可能相对。下面将分别介绍这两种特殊情况的处理方法。

◆ 翻转棱块黄色面

我们在还原四阶魔方顶层黄色十字时，可完全按照三阶魔方的方法操作，如果没有出现特殊情况，就能顺利还原顶层的黄色十字，还原后的效果如下左图所示。

我们不可能每次都那么幸运，肯定会遇到特殊情况，即有棱块的黄色面在侧面，无法还原顶层黄色十字。如下右图所示，正前方的棱块的黄色面在侧面，这时我们就需要将黄色面翻转到正面。

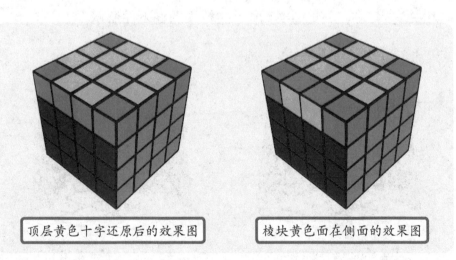

顶层黄色十字还原后的效果图　　　棱块黄色面在侧面的效果图

将棱块黄色面翻转到正面的操作步骤如下。

（1）保持黄色中心块朝上，将需要翻转颜色的棱块所在的面朝向自己，如下图所示。

要翻转的棱块朝向自己

（2）将右边两层同时向后转动90°，然后将顶层转动180°。

（3）接着将魔方整体向后转动90°。

（4）将右边两层同时向后转动90°，然后将顶层转动180°。

（5）保持魔方位置朝向不动，继续将右面两层同时向后转动90°，然后将顶层转动180°。

（6）将右边两层同时向前转动90°，然后将顶层转动180°。

（7）接着将左边两层同时向前转动90°，然后将顶层转动180°。

（8）再将右边两层同时向前转动90°，然后将顶层转动180°。

（9）将右边两层同时向后转动90°，然后将顶层转动180°。

（10）将右边两层同时向前转动90°，然后将顶层转动180°，最后将右边两层向前转动90°，即可将棱块黄色面发展到正面。

在翻转棱块黄色面时，虽然步骤比较多，但是有一定的规律可循，每次转动魔方左面两层或右面两层时都是转90°，并且每次转动后顶层都需要转动180°。

因为每次转动左右层后都会将顶层转动180°，我们可以根据魔方右边两层和左边两层转动的方向，将整个流程简述成：3后3前，1后2前，简述后更方便记忆。

1后：右边两层向后转动90°，顶层转动180°。

2后：魔方整体向后转动90°，右边两层向后转动90°，顶层转动180°。

3后：右边两层继续向后转动90°，顶层转动180°。

1前：右边两层向前转动90°，顶层转动180°。

2前：左边两层向前转动90°，顶层转动180°。

3前：右边两层向前转动90°，顶层转动180°。

1后：右边两层向后转动90°，顶层转动180°。

1前：右边两层向前转动90°，顶层转动180°。

2前：右边两层向前转动90°。

虽然棱块翻转的步骤比较较多，我们可以先根据转动规律和结合口诀进行记忆，然后再参照下页给出的步骤示意图进行练习巩固。

要翻转的棱块
朝向自己

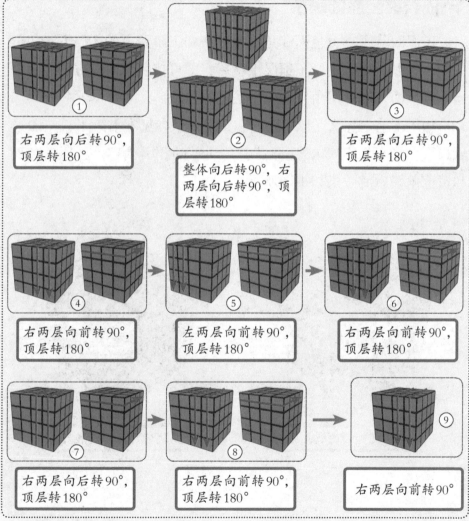

① 右两层向后转90°，顶层转180°

② 整体向后转90°，右两层向后转90°，顶层转180°

③ 右两层向后转90°，顶层转180°

④ 右两层向前转90°，顶层转180°

⑤ 左两层向前转90°，顶层转180°

⑥ 右两层向前转90°，顶层转180°

⑦ 右两层向后转90°，顶层转180°

⑧ 右两层向前转90°，顶层转180°

⑨ 右两层向前转90°

掌握了棱块黄色面翻转的方法后，我们在还原顶层黄色十字的过程中，当出现有棱块黄色面在侧面时，通过该手法即可将棱块黄色面从侧面翻转到正面，从而完成黄色十字的还原。如果对还原顶层十字的方法还不熟悉，请参见本书第四章"4.1 还原顶层黄色十字"的相关内容。

◆ 还原黄色面和角块

还原四阶魔方黄色面和角块的方法和三阶魔方的还原方法完全一样，所以当我们还原了顶层十字后，即可按照三阶魔方的方法先还原黄色面，然后用角块还原手法还原角块。

如果不清楚怎么还原黄色面和角块，请参见本书第四章"4.2还原顶层黄色面"和"4.3还原黄色角块"的相关内容。还原黄色面和黄色角块后的效果如下图所示。

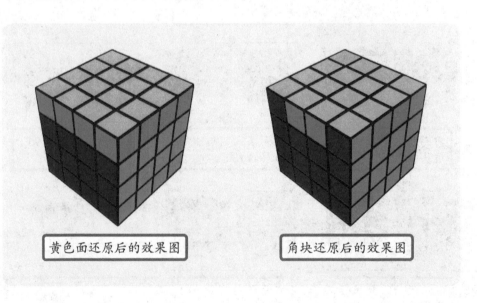

黄色面还原后的效果图　　　　角块还原后的效果图

◆ 还原顶层棱块

我们离还原整个魔方就只差最后一步了。还原角块后，仍然按照三阶魔方的方法进行，只是在还原棱块时可能会出现特殊情况。即角块还原后可能已经有2个面完全还原，还原的两个面可能相邻，也可能相对。示意图如下。

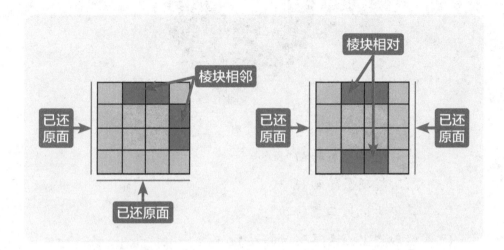

当遇到这种情况时，如果用三阶魔方的方法就无法顺利还原，需要用对棱互换手法处理。对棱互换是指将相对的两个面的棱位置互换。示意图如下。

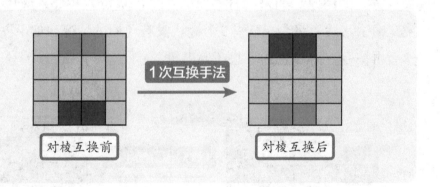

对棱互换的详细操作步骤如下。

（1）保持黄色中心块朝上，将没有还原的其中一个面朝向自己，如下图所示。

没还原的一面朝向自己

（2）将右边第二层转动180°。

（3）然后将顶层转动180°。

（4）再将右边第二层转动180°。

（5）然后将上面两层同时转动180°。

（6）再将右边第二层转动180°。

（7）将上面第二层转动180°，即可将相对的两个棱块位置互换。

如果没有还原的两个棱块位置相对，应用1次对棱互换手法后，魔方将完全还原。如果没有还原的两个棱块位置相邻，应用1次对棱互换手法后，将会出现有3个棱块没有还原的情况，如下图所示。然后再按照三阶魔方的方法还原即可。

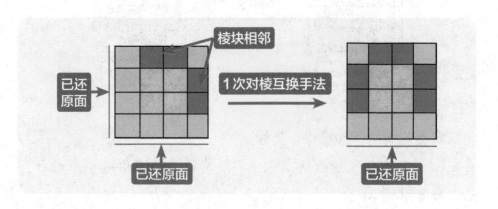

棱块相邻

已还原面

1次对棱互换手法

已还原面

已还原面

我们在练习对棱互换时，可参照下图的步骤示意图进行。

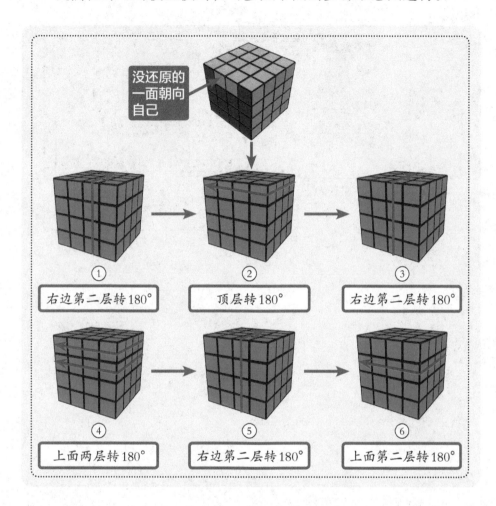

没还原的一面朝向自己

① 右边第二层转180°

② 顶层转180°

③ 右边第二层转180°

④ 上面两层转180°

⑤ 右边第二层转180°

⑥ 上面第二层转180°

友情提示

　　如果对齐角块后，4个棱块的位置都不正确，可以先用1次左右手手法＋左右手逆手法。然后再观察棱块的情况，如果有1个面已经还原，就继续用左右手手法＋左右手逆手法还原；如果有2个面已经还原，就用棱块互换手法进行相应的操作。

棱块还原的思维导图如下。

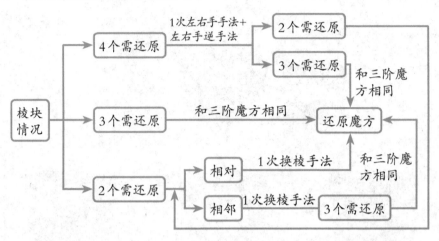